U0233249

珍爱蓝色国土

金翔龙　陆儒德　主编

中国出版集团

中译出版社

《走进海洋世界》系列图书

顾 问

主 编

编委会

目 录

第一章　蓝色"水球"

　　海水覆盖了地球表面的大部分区域，人们习惯性地将地球称为：蓝色"水球"。在数十亿年的时间里，这颗蓝色"水球"经历了海陆变迁、物种兴灭等巨大变化，可以用"沧海桑田"四个字形容它的惊天巨变。

海洋的形成

地球刚开始形成的时候，就像一个燃烧着的火球：火山频发，灼热的岩浆四处横流，烘烤着大地，没有液态水，也没有生命，整个地球动荡不安。当火山不再频繁喷发时，地球表面已是凹凸不平、沟壑纵横，天空中的水汽凝结成液态水，降落到地球表面，并在凹处汇集起来。久而久之，海洋就形成了。

蓝色水球

当我们打开世界地图或观察地球仪时，会发现它们大部分都是蓝色的，这是因为地球表面大部分都是蔚蓝色的海洋。根据科学家测算，海洋面积约占地球表面积的71%，而我们所居住的陆地仅占地球表面积的29%，所以有"七分海洋，三分陆地"的说法。相比之下称之为"水球"比"地球"更为恰当。

拓展　海平面是平的吗

海底的地形十分复杂，不仅分布着巍峨的海底山脉和平缓的海底平原，还分布着许多陡峭的海底深沟。一般来说，海底若有山脉，这个海面就会比其他海域略高一些；而海底若是盆地，海面就会比其他海域要低一些。在不同海域的海面一般都具有高度差。因此，我们有充足的理由说，海平面往往不是平的。

生命的摇篮

海洋中生活着几十万种动植物以及数不清的微生物。但在地球诞生初期，地球上没有氧气，没有液态水，也无法抵御太阳光线中能伤害生物的紫外线，当时地球上连最低等的单细胞生物也无法生存。随着液态水的形成、原始海洋的诞生，温度和环境都相对稳定下来，碳、氮、氧等元素在海洋里汇集，海水还吸收了紫外线。经过漫长的岁月，在海洋中终于形成了有机体，也就是生命。如今仍有大部分的生命存在于海洋，许多陆生动物的祖先也来自海洋。因此，海洋被称为"生命的摇篮"。

海水是怎么来的

　　关于海水的来源，科学家们有不同的认识。多数人认为水是地球固有的，在地球形成之初，它们以水蒸气的方式随着火山喷发而释放出来，聚集在一起，形成又厚又热的云，再落回地面形成海水。有的人则认为，地球上的水是撞入地球的彗星带来的。还有的人认为，金星、火星等行星上也有水，但由于条件限制无法维持水的液体形态。而地球的条件适中，使水能长期保存下来。

海和洋

　　海和洋是地球上广大连续的咸水水体的总称，但海与洋不一样。洋是海洋的中心部分，约占海洋面积的90%，而海濒临大陆，位于大洋四周边缘，是洋的边缘附属，只占海洋面积的10%，它们彼此沟通组成一个统一的水体。洋的水色蔚蓝，透明度大，水中的杂质很少。海水的透明度差一些，温度和颜色受陆地影响，四季有明显的变化。

崎岖的海底

自从 19 世纪人类开始探测海洋深度以来，科学家们就逐渐认识到，海水所覆盖的地球表面并非只是一个普通的盆地。他们发现，海底地貌实际上与陆地一样，有高耸的海山、辽阔的深海平原、可怕的火山、陡峭的悬崖、深长的峡谷等。总之，海底就是一个神奇壮观的世界，地形高低起伏，到处充满着变化。

大陆坡

如果将海洋比喻成一个大浴缸，那么大陆坡就是大陆沿着这个"大浴缸"边缘不断下滑所形成的一个很陡的坡，它靠近大海一侧，是大陆架外缘较陡的地方逐渐下滑到海底的斜坡。大陆坡广泛分布于大陆架周缘。那里的海底基本上一片漆黑，没有阳光透过，只有一些靠吃海底软泥为生的生物，远不如大陆架水底那样生机勃勃。

大洋盆地

我们常把四周较浅而中部较深、面积较大的大洋底称为大洋盆地。它一般位于大洋中脊与大陆边缘之间，看上去就是一望无际的"平原"，因此也被称为深海平原。这里阳光难以到达，分布着海岭、海山、海台和海丘等。

大陆基

大陆基也称大陆隆或大陆裙，是位于大陆坡末端与深海平原之间的巨大海洋地质沉积物。一般靠近大陆坡的地方较陡，而接近深海平原的部分较缓。大陆基平均坡度为 $0.5° \sim 1°$，水深 2000~5000 米。

海岭

海岭是狭长而绵延的大洋底部高地，一般在海面以下，可高出两侧海底3000~4000米。海岭不是孤立的，往往是连绵不绝而且首尾相连的。

海隆

海隆是指宽广且坡度和缓的海底隆起区。在深海底的海隆有的呈长条状，有的接近等轴状，还有的镶嵌着海山或火山岛。它不属于大陆边缘的组成部分，通常位于板块内部的洋盆区，如百慕大海隆。

海沟

在海岭边缘，通常会有深不见底的海沟。它是位于海洋中两壁较陡、较狭长、水深大于5000米的沟槽，是洋底最深的地方。海沟多分布在大洋边缘，并且与大陆边缘相对平行。它们因板块运动而形成，其两壁的坡度一般会达到40°，可谓处处都是"悬崖峭壁"。

海槽

海槽比海沟浅，但宽度更大，两坡或其中一坡是较缓的长条状海底洼地，槽底较平坦。

大洋中脊

大洋中脊是贯穿世界四大洋、成因相同、特征相似的海底山脉系列，是地球上最长、最宽的环球性洋中山系。其形状有"S"形、"入"字形等。大洋中脊是现代地壳活动最频繁的地带，经常发生火山活动、海中地震等。

海底高原

海底高原又称海台，是顶面比较平坦、宽阔的海底高地，通常高出邻近海底1千米以上。海台顶面比较平坦，局部有不大的起伏。侧面的坡度一般很陡，有的也较平缓。它包括边缘海台和洋中海台。

火山裂谷

海洋

海底山脉

海底山脉是绵延于海底的大洋中脊和海岭。其中，海岭包括火山海岭和断裂海岭。火山海岭是由海底排列成行的火山链构成的山岭；而断裂海岭是由大规模海底断裂形成的海底山脉，具有断块山的特点，一般走向笔直，绵延较长，以东印度洋海岭最为典型。

拓展　生物铸造的海底——珊瑚礁

你知道海中建筑师吗？没错，它就是珊瑚虫，一种喜欢群居的海中生物。它们聚居在一起，不断产生树枝状的珊瑚，五光十色的珊瑚越长越多，不断堆积，就形成了我们看到的珊瑚礁。美丽的珊瑚礁是海洋鱼类栖息和避难的好场所。

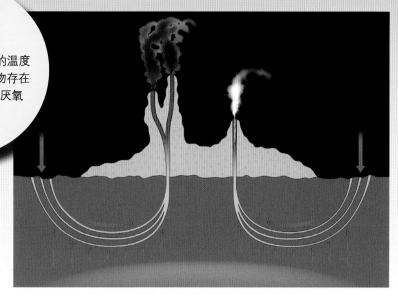

海底火山

海底火山是形成于浅海和大洋底部的各种火山，包括活火山和死火山。海底火山喷发的熔岩表层在海底就被海水急速冷却，有如挤牙膏状，但内部仍是高热状态。所以，海底火山喷发时，常伴有壮观的爆炸，在海面上甚至会形成小岛，即火山岛。

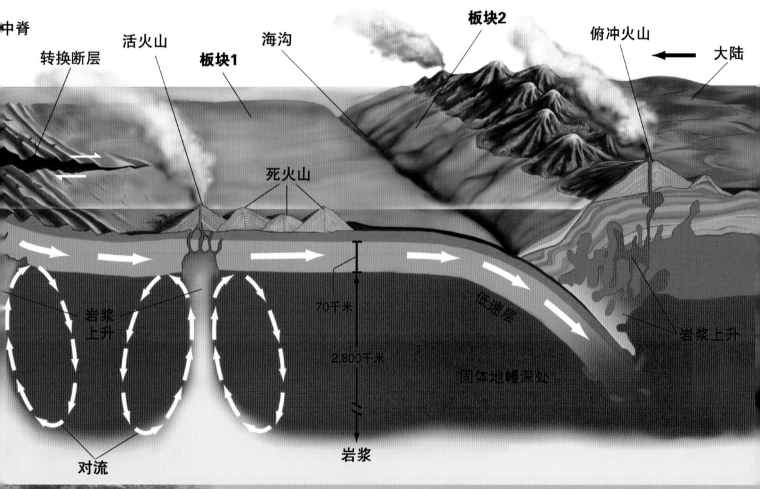

中脊
转换断层
活火山
板块1
海沟
板块2
俯冲火山
大陆
死火山
70千米
低速层
2,800千米
固体地幔深处
岩浆上升
岩浆上升
岩浆
对流

海底火山喷发的现象

海底火山喷发发生在海底。这种喷发的喷出物数量多、规模大，一般为玄武质熔岩。它们堆积成海底高原、山脉，如果露出水面即为岛屿。当在浅海发生喷发而又没有露出水面时，可根据海水沸腾、水汽或水柱上升等现象推断海底有火山喷发。海底火山喷发一般在洋底2000米以下发生，有利于形成含金属的或含有其他有用物质的热水溶液，是重要的造矿场所。

英吉利海峡

英吉利海峡是国际海运要道，也是欧洲大陆通往英国最近的水道，位于英国和法国之间，是大西洋的一部分。海峡向东是其最狭窄的地域——多佛尔海峡。而英吉利海峡和多佛尔海峡又被誉为世界上最繁忙的海峡，战略地位十分重要。因此，人们把这两个海峡之间的水道称为"银色的航道"。

霍尔木兹海峡

霍尔木兹海峡位于阿拉伯半岛和伊朗南部之间，形似"人"字形，是波斯湾通往印度洋的唯一出口，也是国际石油的运输通道。从霍尔木兹海峡开出的油轮，源源不断地将石油运往欧美各国，被人们称为"西方世界的海上生命线"。

海峡的形成

海峡是由海水通过地峡的裂缝经长期侵蚀而形成的；或是由于地壳断裂和地块差异性运动，导致陆地地块下沉，形成地堑式凹陷，经海水长期反复冲刷而形成的。

海峡

"黄金水道"或"海上走廊"就是你所熟知的海峡，它位于两块陆地之间，是连接两个海或洋的狭窄水道。由于不同海域和洋域的水文气象条件有较大的差异，所以海峡中间几乎没有风平浪静的景象，目之所至，都是狂风劲吹，白浪滔天。

直布罗陀海峡

  直布罗陀海峡位于西班牙与摩洛哥之间，是连接大西洋与地中海的海峡。其名取自西班牙南部的半岛直布罗陀，全长约 90 千米，水深约 300 米，最窄处宽 13 千米。它是沟通地中海和大西洋的唯一通道，是连接地中海和大西洋的重要门户，更是大西洋与印度洋、太平洋之间海运的捷径。

马六甲海峡

  马六甲海峡因其沿岸有马来西亚的一座古城马六甲而得名，是位于马来半岛与苏门答腊岛之间的海峡。由于它水流的走向是东南—西北，因此被称为东南亚的"十字路口"。马六甲海峡是沟通太平洋与印度洋的咽喉要道，是亚洲、非洲、澳洲、欧洲沿岸国家往来的重要海上通道，许多发达国家进口的石油和战略物资都要经过这里运出。

海峡的特点

  海峡一般水较深，水流较急且多涡流。海峡中海水的温度、盐度、水色、透明度等水文要素在垂直和水平方向的变化较大。底质多为坚硬的岩石或沙砾，细小的沉积物较少。

拓展　　**世界上最长的海峡**

  莫桑比克海峡位于马达加斯加岛与非洲大陆之间，长达 1670 千米，是世界上最长的海峡。因为它既宽又深，可通行巨轮，是南大西洋和印度洋之间的重要通道。

海峡的重要性

  海峡不仅是海上的交通要道、航运枢纽，而且是兵家必争之地，人称海上交通的"咽喉"。世界上很多著名的海峡，对当地的政治、军事、经济、交通、文化交流等方面都有着非常重要的影响。例如，中国台湾海峡、非洲北部直布罗陀海峡等。

半岛的形成

　　大的半岛主要是因地质构造断陷作用而形成的，如中国的辽东半岛、山东半岛、雷州半岛等。此外，由于沿岸的泥沙流携带泥沙由陆向岛堆积，或岛屿受海浪侵蚀使碎屑物质由岛向陆堆积，逐渐使得岛与陆相连，就会形成陆连岛。

半岛

　　伸入海洋或湖泊，一面同大陆相连，其余三面被水包围的陆地称为半岛。半岛水陆兼备，如果其他条件配合良好，就会成为人们所说的半岛优势圈，发挥临海的多项优势，带动临近腹地的经济发展。

半岛的特点

　　半岛既是陆地的边缘，也是连接海洋和陆地的"桥头堡"。半岛独特的地理位置，使得其具有两大特点：首先是资源优势，包括空间资源、生物资源、矿产资源等；其次是交通优势，作为海、陆的起点或终点，半岛提供了航运的通道。

阿拉伯半岛

阿拉伯半岛位于亚洲和非洲之间，常年受副高压及信风带控制，气候非常干燥，几乎整个半岛都是热带沙漠气候区并有大面积的无人区。在阿拉伯半岛上，最出名的资源是石油，其储量居世界第一，有"世界油海"之称。

印度半岛

印度半岛是喜马拉雅山脉以南的一大片半岛形的陆地，有"动物王国"之称。这里的动物数量多，分布广，品种多样。其中，老虎是印度的国兽。此外，印度半岛的自然条件也很好，耕地面积占全国土地总面积的60%以上。

世界四大半岛

中南半岛

中南半岛位于中国和南亚次大陆之间，面积206.5万平方千米，有多个重要的港湾。半岛上有越南、老挝、柬埔寨、缅甸、泰国等国家以及马来西亚西部地区，是世界上国家第二多的半岛。中南半岛气候特点是全年高温、干湿季明显。

拉布拉多半岛

拉布拉多半岛位于加拿大东部，面积约为140万平方千米，是北美洲最大的半岛，也是世界第四大半岛。拉布拉多半岛多峡湾，地表起伏不大，拥有众多的湖泊，有"湖泊高原"之称。其气候类型为极地长寒气候，东岸有拉布拉多寒流经过，降水季节变化较均匀。除夏季短暂温凉外，地表多为冰雪覆盖。

岛屿

　　岛屿散布在海洋、江河或湖泊中，四面环水，是自然形成的陆地区域，是岛和屿的总称。它们散落在地球的各个地方，有的完全孤立在海洋上，有的与陆地保持联系，成为生命的庇护地。全球岛屿总数达 5 万个以上，总面积约为 997 万平方千米，约占全球陆地总面积的 7%。根据成因的不同，我们可以将岛屿分成以下四类：大陆岛、冲积岛、珊瑚岛、火山岛。其实岛和屿是不一样的哦，岛的面积一般较大，而屿是比岛更小的海中陆地。

❶ 大陆岛：其地质构造与邻近的大陆相似，原属大陆的一部分，由于地壳下沉或海水上升，使一部分陆地被海水分开而形成岛屿，例如台湾岛。按其形成的原因可分为构造岛和冲蚀岛两种。由于海蚀作用形成的岛屿称为冲蚀岛；因陆地沉降、海平面上升或板块运动分裂而形成的岛屿称为构造岛。

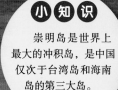

小知识

崇明岛是世界上最大的冲积岛，是中国仅次于台湾岛和海南岛的第三大岛。

❷ 冲积岛：由于陆地的河流流速比较急，带着上游冲刷下来的泥沙流到宽阔的海洋后，流速就慢了下来，泥沙沉积在河口附近，长年累月，越积越多，逐步形成高出水面的陆地，这就叫冲积岛。冲积岛就是由于陆地的河流夹带泥沙搬运到海里，沉积下来形成的海上陆地。

3 珊瑚岛：珊瑚虫死后，其身体中含有一种胶质，能把它们的骨骼结合在一起，一层粘一层，日久天长就成为礁石了。它们以岩礁为基座，珊瑚礁生成以后，珊瑚虫不断生息繁衍，就会形成环礁，在波浪作用下，破碎的珊瑚沙向环礁中适宜堆积的地方集中，日久天长的堆积，礁体露出海面，珊瑚岛就形成了。珊瑚岛就是海中的珊瑚虫遗骸堆筑的岛屿。

小知识

并不是所有的珊瑚都拥有造礁的本领，只有体内含有石灰质的珊瑚，如石珊瑚、鹿角珊瑚、多枝蔷薇珊瑚等才能造礁。

4 火山岛：火山喷发的熔岩一边堆积增高，一边四溢滚淌，形成被称为"火山锥"的圆锥形地形，它的顶部是不同形状、大小的火山口。火山岛按其属性分为两种，一种是大洋火山岛，它与大陆地质构造没有关系；另一种是大陆架或大陆坡海域的火山岛，属大陆岛屿与大洋岛之间的过渡类型。火山岛其实就是由海底火山喷发物堆积而成，在环太平洋地区分布较多。

岛屿的价值

岛屿是人类开发海洋的远涉基地和前进支点，是第二海洋经济区。其价值主要表现在地理位置、军事战略意义及自然资源上。在地理位置上，岛屿的归属直接影响着国家大陆架等海域的划分，并且还可作为国家的碉堡或屏障。在军事上，如果岛屿处于一个重要的军事战略交通要道，其附近海域就是一个海上大通道。有人说，谁控制该地域，谁就能扼住他人咽喉。在自然资源上，岛屿的重要价值更加明显，由于陆地资源匮乏，岛屿及周边海域下的石油、天然气和生物资源更是各国要争抢的对象。

西西里岛

西西里岛位于亚平宁半岛的西南，属于意大利。西西里岛面积为 2.5 万平方千米，是地中海最大和人口最稠密的岛。其境内多山地和丘陵，沿海有平原，地震多发，是典型的地中海气候，北部、西部较湿润，南部比较干燥。欧洲最大、最活跃的埃特纳火山（高 3323 米）就位于西西里岛，是西西里岛最高的山。

格陵兰岛

格陵兰岛位于北美洲的东北部，在北冰洋和大西洋之间，全岛面积为 217.56 万平方千米，是世界第一大岛，全岛 4/5 的面积在北极圈以内。格陵兰意为"绿色的土地"，但实际上，那里极其寒冷，最低温度达到 –70℃，是地球上仅次于南极洲的第二个"寒极"。

大不列颠岛

　　大不列颠岛是欧洲第一大岛，位于欧洲大陆西岸外的大西洋中，是大不列颠群岛的主岛之一。面积约为 20.9 万平方千米，是大不列颠及北爱尔兰联合王国国土的主要部分，由英格兰、苏格兰及威尔士所组成。大不列颠岛是不列颠群岛中的第一大岛屿，周围环绕着超过 1000 座小型岛屿。

拓展　**中国收复西沙、南沙群岛**

　　西沙群岛和南沙群岛，是中国南海诸岛中两个较大的群岛，它们自古以来就是中国的领土，也是中国人民最早发现、最早命名、最早行使主权的岛屿。1933 年 12 月 21 日，法国强行侵占南海"九小岛"。1939 年，西沙、南沙群岛又被日本抢占。第二次世界大战结束后，中国政府于 1946 年收复西沙、南沙群岛，成功捍卫了中国领土完整。

冰岛

　　冰岛是北大西洋中的一个岛国，靠近北极圈。冰岛面积为 10.3 万平方千米，冰川面积占 8000 平方千米，是欧洲的第二大岛。冰岛上有 100 多座火山，其中活火山 20 多座，使得整个国家都是建立在火山岩石上，并且大部分土地不能开垦。冰岛是世界上温泉最多的国家，所以被称为"冰火之国"。

海岸与海岸线

　　世界各地的海岸线蜿蜒曲折，风光各异。著名的海岸有西班牙的太阳海岸、法国的蓝色海岸、澳大利亚的黄金海岸、中国的椰树海岸。现在，我们就一起走进海岸。海岸带分为：海岸（也叫潮上带）、海滩（也叫潮间带）与水下岸坡（也叫潮下带）。

潮间带

　　潮间带是指大潮期的最高潮位和大潮期的最低潮位间的海岸，也就是从海水涨至最高时所淹没的地方开始，到潮水退到最低时露出水面的范围。

海岸

　　海岸是在水面和陆地接触处，经波浪、潮汐、海流等作用形成的滨水地带。其中由众多沉积物堆积而形成的岸称为滩。

海岸带

　　海岸带是指海陆之间相互作用的地带，也就是每天受潮汐涨落海水影响的潮间带及其两侧一定范围的陆地和浅海的海陆过渡地带。由于海岸带是临海国家宝贵的国土资源，是海洋开发、经济发展的基地，也是对外贸易和文化交流的纽带，所以其战略地位十分重要。

潮间带的生物

　　潮间带海洋生物属于海洋生物中的一类，是由它们生存空间的特殊位置——潮间带而命名的。此类动、植物组合品种甚多，有贻贝、帽贝、藤壶、红海葵、沙蟹、鸟蛤等。它们虽然各不相同，但都具有相似的特点和生活习性。

海岸线

　　海岸线是海洋和陆地的分界线，是地球上最富变化性的区域之一。由于海岸线会因潮水的涨落而变动位置，所以准确地测量海岸线被认为是不可能的。但大多数沿海国家一般选用海水大潮时连续数年的平均高潮位与陆地（包括大陆和海岛）的分界线为准。

红树林海岸

　　红树林海岸是由耐盐的红树林植物群落构成的海岸。红树林分布在低平的堆积海岸的潮间带泥滩上，特别在背风浪的河口、海湾与沙坝后侧的潟湖内发育。它常常沿河口、潮水沟道向内陆深入数千米。

运河

除了壮丽的海洋、独特的海峡、美丽的海湾外，还有一种水域至关重要，它就是海洋的纽带——运河。运河是用以沟通地区或水域间水运的一种人工水道，一般与自然水道或其他运河相连，主要作用是航运，也可用于灌溉、分洪、排涝、补给水源等。

苏伊士运河

苏伊士运河于 1869 年通航，全长 190.25 千米，位于埃及西奈半岛西侧，贯通苏伊士地峡，连接地中海与红海，同时也是亚洲与非洲间的分界线。苏伊士运河是亚非与欧洲间最直接的水上通道，提供了从欧洲至印度洋和西太平洋的最近航线，是世界使用最频繁的航线之一。

拓展　穆巴拉克大桥

穆巴拉克大桥也叫苏伊士运河大桥，是苏伊士运河上唯一的一条跨海大桥，全长 3.9 千米，宽 20 米，最高处 154 米，是连接亚洲和非洲的重要陆地通道。

地 中 海

马扎尔

伊斯梅利亚

苏伊士

吉萨 开罗

尼罗河

苏伊士 陶菲克港

米尼亚

苏伊士湾

京杭大运河

京杭大运河全长 1794 千米，北起北京，南达杭州，流经北京、河北、天津、山东、江苏、浙江 6 个省市，沟通了海河、黄河、淮河、长江、钱塘江五大水系。京杭大运河是世界上开凿最早、里程最长、工程最大的运河，是中国仅次于长江的第二条"黄金水道"，其历史价值堪比长城。2014 年入选世界文化遗产名录。

巴拿马运河

　　巴拿马运河全长 81.3 千米，位于美洲巴拿马共和国的中部，横穿巴拿马地峡，是沟通太平洋和大西洋的重要航运要道。从 1920 年起，巴拿马运河就成了国际通航水道，可以通航 76000 吨级的轮船。

加沙

阿里什

河

埃扎特

红　海

基尔运河

　　基尔运河又名北海—波罗的海运河，位于德国北部日德兰半岛上，全长 98.26 千米。基尔运河沟通连接波罗的海和北海，是波罗的海通往大西洋的捷径，可缩短航程 685 千米。

拓展　　**基尔运河的沧桑**

　　基尔运河是继巴拿马运河和苏伊士运河外世界上第三繁忙的运河，但它历经沧桑。自 1895 年成功开凿以来，基尔运河先后经历了 4 次改造，才得以维持航道的正常运行、运河航运安全。

莫斯科运河

　　莫斯科运河全长 128 千米，河宽 85 米，可通航载重 5000 吨的船只，是连接莫斯科河与伏尔加河的主要水道。莫斯科运河的建成令莫斯科成为波罗的海、白海、黑海、亚速海及里海的"五海之港"。

海湾

　　海湾的一面通向海洋，其他三面环抱陆地，并延伸至大陆内部，靠近大陆水深较浅的水域。一般有"U"形及圆弧形等，通常以湾口附近两个对应海角的连线作为海湾最外部的分界线。海湾面积一般大于海峡。

海湾资源

　　海湾是海洋中最接近陆地的区域，也是与人类活动最为密切的海域，其各类资源相当丰富。包括海洋生物资源、海洋矿产资源、海水化学资源、海洋能源、滨海旅游资源、浅海和滩涂资源、港航资源等。

海湾的分类

　　海湾是大陆的延伸，是人们认识海洋的起点。我们可以根据不同的原则将海湾进行分类，如可以根据其形成原因、地质地貌等原则来分，也可根据海湾中的定量指标等原则来分。

亚 洲

加尔各答　达卡

吉大港

恒河口

印度半岛

维沙卡帕特南

阿拉伯海

马德拉斯

孟 加 拉 湾

安达曼群岛

安达曼海

保克海峡

贾夫纳

斯里兰卡岛

尼科巴群岛

印 度 洋

苏门达腊岛

海水深度／米
0～50
50～200
200～2000
2000～4000
4000～6500
大于6500

孟加拉湾

　　孟加拉湾位于印度洋北部，西临印度半岛，东临中南半岛，北临缅甸和孟加拉国，南到斯里兰卡与苏门达腊岛一线，面积为217万平方千米，平均水深2586米，属于印度洋的边缘海，是世界最大海湾。经马六甲海峡与暹罗湾和南海相连，是太平洋与印度洋之间的重要通道。

海湾的形成

　　海湾的形成主要与海岸带性质有关，有以下三种形成原因：第一，由于海岸带岩层的软硬程度不同，脆弱岩层受到侵蚀不断地向陆地凹进，逐渐形成了海湾；坚硬部分向海突出形成岬角。第二，当沿岸泥沙纵向运动的沉积物形成沙嘴时，海岸带一侧被遮挡而呈凹形海域。第三，当海面上升时，海水进入陆地，海岸线变曲折，凹进的部分即成海湾。

几内亚湾

几内亚湾位于非洲西岸，是大西洋的一部分。面积为 153.3 万平方千米，是非洲最大的海湾。15 世纪欧洲殖民者入侵后，几内亚湾成为重要的贸易通道，其不同地段被称为"奴隶海岸""黄金海岸""象牙海岸"和"胡椒海岸"。

巴芬湾

巴芬湾位于北美洲东北部巴芬岛、埃尔斯米尔岛与格陵兰岛之间，海湾长 1126 千米，宽 112~644 千米，面积 68.9 万平方千米，平均水深 861 米，最大水深 2744 米。1616 年因英国航海家威廉·巴芬进入海湾考察而得名。海湾向南经过戴维斯海峡与大西洋相通，向北通过史密斯海峡、罗伯逊海峡与北冰洋相连。这里气候严寒，海湾全年大部分时间都处于冰封状态。这里还曾是捕鲸业和捕海豹业的中心，当地因纽特人以渔猎为生。

阿拉斯加湾

阿拉斯加湾面积153.3万平方千米。平均水深2431米，最大水深5659米；位于美国阿拉斯加州南缘，东接斯潘塞角，西邻阿拉斯加半岛和科迪亚克岛，是太平洋东北部一个宽阔的海湾。多峡湾和小海湾，陆地上的河流会不断地把断裂下来的冰山和河谷中的泥沙、碎石等带入海湾中。渔业资源较丰富。

墨西哥湾

墨西哥湾东西长1609千米，南北宽1287千米，面积154.3万平方千米，平均深度1512米，是北美洲南部大西洋的海湾，世界第四大河密西西比河由北岸注入。北为美国，南、西为墨西哥，向东经过佛罗里达海峡与大西洋相连，并通过尤卡坦海峡与加勒比海相连，是著名的墨西哥湾洋流的起点。

海浪

　　海浪是发生在海洋中的一种大多由风产生的波动现象。它不断地涌动，周而复始，永不停息。它也有"脾气好坏"之分：平静时，微波荡漾；"发怒时"，波涛汹涌。海浪的千姿百态反映着大海变化无常的复杂"心眼"，也显示出它力量无穷的巨大"胸怀"。

海浪的形成

　　当风吹过海面时，风的力量会推动并卷起海水，就形成了海浪。当海浪冲向海岸的时候，受到底部摩擦力的影响，海浪前进的速度变慢，同时浪尖（波峰）向前翻滚，形成一波又一波的海浪，不断地冲击岸边。

风浪

　　风浪是海水受风力的作用而产生的波动，可同时出现许多高低长短不同的波。波面较陡，波长较短，波峰附近常有浪花或片片泡沫，传播方向与风向一致。

海浪的威力

　　海浪对交通航运、海洋渔业、海洋工程、海战等方面都有很大的影响。它能改变船舰的航向、航速，甚至产生船身共振使船体破裂。海浪也会影响雷达的使用、水上飞机和舰载飞机的起降、舰载武器的使用等。此外，巨大的海浪甚至会破坏海港码头、水下工程和海岸防护工程。

海洋内波

　　海洋内波是海水运动中的一种重要形式，它将海洋上层的能量传至深层，又把深层较冷的海水连同营养物带到较暖的浅层，能促进生物的生息繁衍。

拓展　　海洋可利用的能源

　　目前，由于陆地能源短缺，人们纷纷将视角转向海上可利用的能源。几个沿海国家已经开始开发来自于海浪和风的能源，这是一种可再生的电能来源，不会造成污染。现有的技术包括波浪驱动的发电机、水下涡轮机和利用稳定海风开发的沿海风电场。不停运动的潮汐也可用来发电。

波浪

　　风与海洋表面的摩擦或风对海水的拖动就形成了波浪。波浪刚开始时只是海面上的一丝涟漪，和池塘里被微风刮起的那些小浪是一样的。随着风力变大，涟漪会慢慢变大并发展成为杂乱的激浪，高度可达 50 厘米，且波峰间的距离逐渐从 3 米增加到 12 米。波浪也是具有一定破坏性的。

近岸浪

　　近岸浪指由外海的风浪或涌浪传到海岸附近，受地形作用而改变波动性质的海浪。随着海水变浅，近岸浪的波动传播速度变小，由于波浪在传播中遇到障碍会引起折射、绕射和反射，从而使波高发生变化。

拓展　　**浪花**

　　浪花是由水薄膜隔开的气泡组成的，在淡水中气泡相互靠近、融合，而在咸水中则相互排斥、分离。气泡上升到海面时破裂，并将咸水珠抛到比气泡直径大千倍的高处，就产生了浪花。一朵朵美丽的浪花，就像大海中的精灵，灵动而美丽。

巨大的海浪

　　当风力变大时，海浪的规模也会随之变大。有的海浪具有极强的破坏力，给人类造成巨大的损失。当暴风雨来临时，海浪变大，甚至可高达几十米；当特大暴风雨来临时，海面上有时会形成巨大的、高高的、会吸走一切的水柱，也就是龙卷风，又称"龙吸水"。

潮汐

　　人们把白天的海水涨落叫"潮"，夜晚的海水涨落叫"汐"，潮汐就是海水水位有规律的涨落现象，也是海面每天都发生的周期性涨落现象。人们经常用潮涨潮落来形容事物的反复无常。潮汐的产生与海水受到的月亮和太阳的引潮力有关，

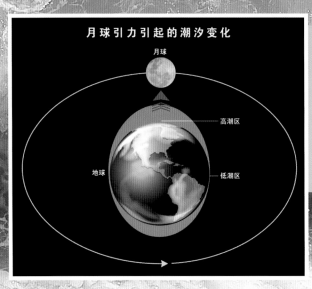

月球引力引起的潮汐变化

月球

地球

高潮区

低潮区

引潮力

　　引潮力就是月球和太阳对海水的吸引所产生的一种力量。宇宙中一切事物都是相互吸引的，月亮和太阳对地球的引力，在陆地和海洋两部分的任何一点都是一样的。只是，由于陆地是固体，引力带来的表面变化不容易看出来，而海水是流动的液体，在引力作用下，它会向吸引它的方向涌流。这种牵引海水的力量就是引潮力。

拓展　　**潮汐的周而复始**

　　海水水位不断上涨，这一过程叫涨潮。海水上涨到最高限度时叫高潮。当海水涨到高潮后一定时间内，海水不涨也不落，叫平潮。平潮之后，海水开始下落，这叫退潮。海水下落到最低限度时叫低潮。低潮后一段短时间内海水不落不涨，叫停潮。停潮过后，海水又开始上涨，如此周而复始。

咸潮

　　咸潮属于沿海地区一种特有的季候性自然现象，多发于枯水季节、干旱时期。咸水上溯意味着位于江河下游的抽水口在咸潮上溯期间抽上来的不是能饮用、灌溉的淡水，而是陆地生命无法赖以生存的海水。中国的咸潮多发生在珠江口。咸潮会引起土地干旱、作物死亡。

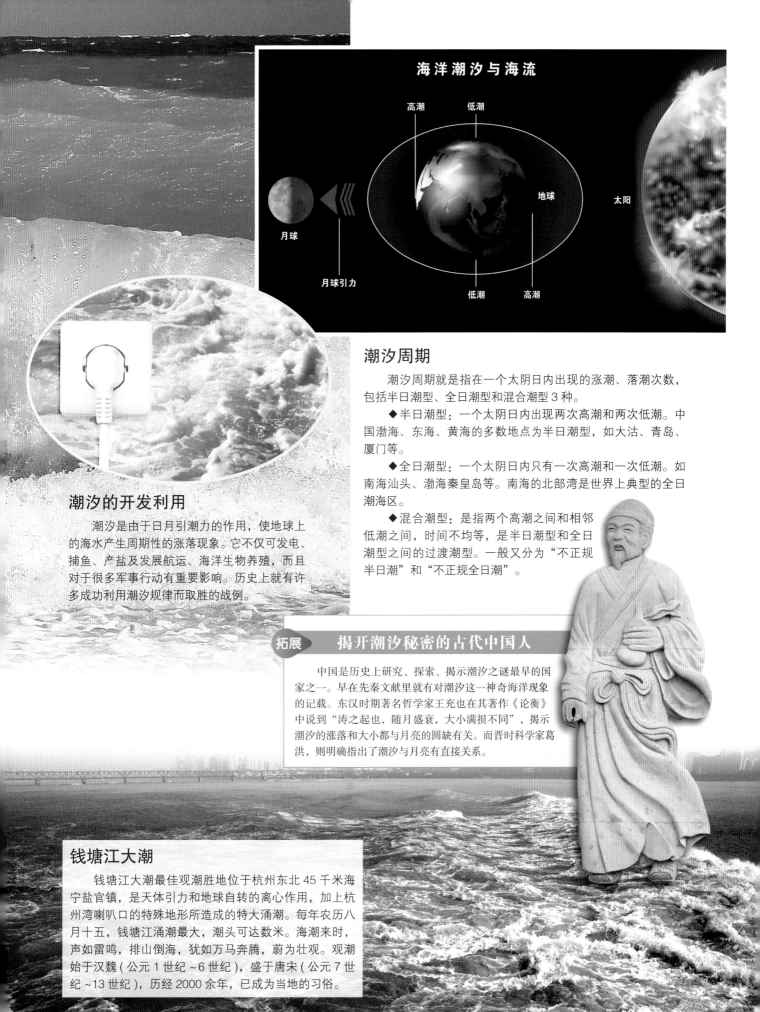

海洋潮汐与海流

高潮　低潮

月球

月球引力

低潮　高潮

地球

太阳

潮汐周期

潮汐周期就是指在一个太阳日内出现的涨潮、落潮次数，包括半日潮型、全日潮型和混合潮型 3 种。

◆半日潮型：一个太阳日内出现两次高潮和两次低潮。中国渤海、东海、黄海的多数地点为半日潮型，如大沽、青岛、厦门等。

◆全日潮型：一个太阳日内只有一次高潮和一次低潮。如南海汕头、渤海秦皇岛等。南海的北部湾是世界上典型的全日潮海区。

◆混合潮型：是指两个高潮之间和相邻低潮之间，时间不均等，是半日潮型和全日潮型之间的过渡潮型。一般又分为"不正规半日潮"和"不正规全日潮"。

潮汐的开发利用

潮汐是由于日月引潮力的作用，使地球上的海水产生周期性的涨落现象。它不仅可发电、捕鱼、产盐及发展航运、海洋生物养殖，而且对于很多军事行动有重要影响。历史上就有许多成功利用潮汐规律而取胜的战例。

拓展　**揭开潮汐秘密的古代中国人**

中国是历史上研究、探索、揭示潮汐之谜最早的国家之一。早在先秦文献里就有对潮汐这一神奇海洋现象的记载。东汉时期著名哲学家王充也在其著作《论衡》中说到"涛之起也，随月盛衰，大小满损不同"，揭示潮汐的涨落和大小都与月亮的圆缺有关。而晋时科学家葛洪，则明确指出了潮汐与月亮有直接关系。

钱塘江大潮

钱塘江大潮最佳观潮胜地位于杭州东北 45 千米海宁盐官镇，是天体引力和地球自转的离心作用，加上杭州湾喇叭口的特殊地形所造成的特大涌潮。每年农历八月十五，钱塘江涌潮最大，潮头可达数米。海潮来时，声如雷鸣，排山倒海，犹如万马奔腾，蔚为壮观。观潮始于汉魏（公元 1 世纪 ~6 世纪），盛于唐宋（公元 7 世纪 ~13 世纪），历经 2000 余年，已成为当地的习俗。

洋流

　　大洋中有一股水流，类似大陆上的江河，它有规律地顺着地球上恒定的风带按照一定的方向流动，这就是洋流。洋流使各大洋之间有了"交流"，保证了海洋生态的平衡。

洋流产生的原因

　　形成洋流的原因很多，最主要的是大气运动。盛行风吹拂海面，使表层海水随风起伏，上层海水又带动下层海水流动，这样就形成汹涌的洋流。另外，海水密度的差异，也是形成洋流的原因之一。此外，由于风吹、海水密度差异等原因使得海水流动，造成流出海区的海水减少，周围海区海水便来补充，这也是形成洋流的原因之一。

洋流的分类

　　洋流根据不同特征，可以有不同分类。如按照其冷暖性质可分为：寒流和暖流。按照其成因可分为：风海流、密度流和补偿流。

拓展　北大西洋暖流对欧洲气候的影响

　　北大西洋暖流是大西洋北部最强的暖流，是墨西哥湾暖流的延续。该暖流对西欧与北欧气候具有明显的增湿作用。每年向西欧与北欧每千米海岸输送相当于燃烧6000万吨煤释放的热量。

拓展　　拉布拉多寒流

　　来自北冰洋沿拉布拉多半岛南下的洋流叫拉布拉多寒流，它在纽芬兰岛东南、北纬40°附近与墨西哥暖流相汇，造成这一海域经常大雾弥漫及温水性鱼群和冷水性鱼群相汇聚，形成世界有名的纽芬兰渔场。拉布拉多寒流还经常从北冰洋或格陵兰带来巨大冰山或浮冰，不仅降低海水温度，也给海上航运带来严重威胁。

洋流的作用及影响

首先，暖流对沿岸气候有增温增湿的作用，寒流对沿岸气候有降温减湿的作用。其次，寒暖流交汇的海区，有利于鱼类大量繁殖，为鱼类提供食饵；两种洋流还可以形成"水障"，阻碍鱼类活动，使得鱼群集中，易于形成大规模渔场（如中国的舟山渔场）。第三，洋流对航海也会造成很大影响。最后，洋流还有助于污染物的扩散，但使得污染范围扩大了。

寒流

寒流是指从高纬度流向低纬度的洋流。因为寒流自身温度比它所到区域的水温要低，这就使得它所经过的地方气温会下降。

拓展　墨西哥暖流

墨西哥暖流是世界上最大的洋流，也叫墨西哥湾流。它不仅汇聚了北赤道洋流和南赤道洋流的一部分，而且还接纳了大西洋暖水，成了一个巨大的热水库。它每年输送的热量使西北欧地区的气候变得温暖湿润。墨西哥暖流有一部分来自墨西哥湾，它的绝大部分则是来自加勒比海。

暖流

暖流是指从低纬度流向高纬度的洋流。与寒流一样，暖流因其自身温度比它所到区域的水温要高，这就使得它所经过的地方气温会升高。

厄尔尼诺与拉尼娜

　　厄尔尼诺是太平洋赤道带大范围内海洋和大气相互作用后失去平衡而产生的一种气候现象，它所到之处常会出现暴雨、洪水等灾害。拉尼娜现象的征兆是飓风、暴雨和严寒，它使当地气候走向更极端：夏季更高温，冬季更寒冷。拉尼娜现象会造成全球气候的异常，使美国西南部和南美洲西岸气候变得异常干燥，并使澳洲以及印度尼西亚、马来西亚和菲律宾等东南亚地区有异常多的降雨量，以及使非洲西岸及东南岸、日本和朝鲜半岛异常寒冷。在西北太平洋区，热带气旋影响的区域会比正常偏南和偏西。

厄尔尼诺特征

　　厄尔尼诺现象的基本特征是太平洋沿岸的海面水温异常升高，海水水位上涨，并形成一股暖流向南流动。它使原属于冷水域的太平洋东部变成暖水域，引起海啸和暴风雨，造成一些地区干旱，而另一些地区又降雨过多等异常气候现象。

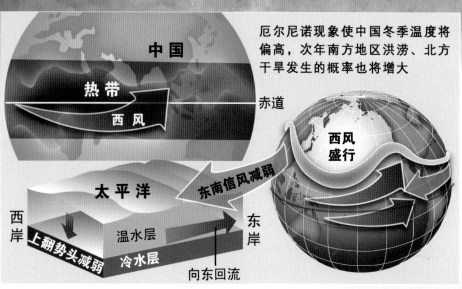

厄尔尼诺现象使中国冬季温度将偏高，次年南方地区洪涝、北方干旱发生的概率也将增大

厄尔尼诺的成因

　　对于厄尔尼诺现象的形成原因尚无定论。目前科学界大致有 3 种观点：其一认为厄尔尼诺现象是由大气层或是海洋运动周期性变化而成；其二认为，厄尔尼诺现象与地球自转速度的变化有某种对应关系；其三认为，厄尔尼诺现象与太平洋海底地壳的活动有关，如火山、地震等。另外，也有人指出，厄尔尼诺现象的产生与温室效应有一定的关系。

中国遭遇的 1998 年特大洪灾

1998 年 6 月中旬起，在中国的长江、松花江、嫩江等主要河流干支流发生了特大洪水，这是自 1954 年以来的又一次全流域性大洪水。这场洪水虽已过去，但各种议论纷至沓来。人们发现，这次的洪魔肆虐和 1997 年爆发的百年来最强的厄尔尼诺现象有密切的关联。厄尔尼诺现象与紧随着厄尔尼诺来的拉尼娜现象使得长江干流汛情一度处于紧张状态，导致长江全线告急。

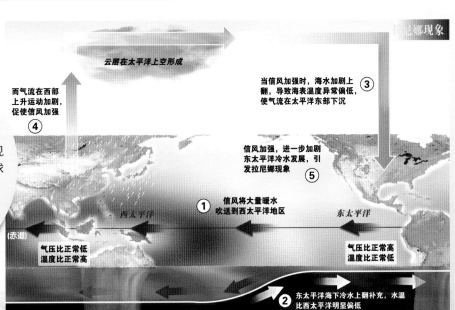

拉尼娜现象

云层在太平洋上空形成

而气流在西部上升运动加剧，促使信风加强
④

当信风加强时，海水加剧上翻，导致海表温度异常偏低，使气流在太平洋东部下沉
③

信风加强，进一步加剧东太平洋冷水发展，引发拉尼娜现象
⑤

① 信风将大量暖水吹送到西太平洋地区

西太平洋　　　　　　东太平洋

(赤道)

气压比正常低
温度比正常高

气压比正常高
温度比正常低

② 东太平洋海下冷水上翻补充，水温比西太平洋明显偏低

拉尼娜现象

指赤道附近东太平洋水温反常下降的一种现象（与厄尔尼诺现象正好相反），同时也伴随着全球性气候混乱，总是出现在厄尔尼诺现象之后，是热带海洋和大气共同作用的产物。

厄尔尼诺的影响

厄尔尼诺现象发生时，太平洋中东部海域表面水温上升，造成水中浮游生物大量减少，秘鲁渔业生产会遭受打击，同时造成厄瓜多尔等太平洋赤道地区发生洪涝或者干旱灾害。

第二章　世界知名海洋

　　整个地球的大部分表面都被海洋覆盖，这些海洋充满了魅力。当人们问起你知道哪些知名海洋时，你可以自信地说出太平洋、大西洋、印度洋等闻名世界的海洋；而当人们问你还知道哪些有趣的海洋时，你同样也可以自信地说出像死海这样奇特的海洋来。

太平洋

太平洋是世界上最大、最深的大洋。其水域占据了地球约 46% 的水面积和约 32.5% 的表面积，这意味着太平洋比地球上所有陆地面积之和还要大。此外，太平洋是岛屿、海湾、海沟和火山地震分布最多的大洋。全球约 85% 的活火山和约 80% 的地震集中在此。太平洋约有 2 万个岛屿，岛屿总面积 440 多万平方千米，约占世界岛屿总面积的 45%。

地理位置

太平洋位于亚洲、大洋洲、南极洲和美洲之间。南自南极大陆海岸，北至白令海峡，南北长约 15900 千米；东自南美洲的哥伦比亚，西至亚洲的马来半岛，东西最长约 21300 千米。太平洋通常以南、北回归线为界，分为南、中、北太平洋，或以赤道为界分为南、北太平洋，也有以东经 160° 为界，分为东、西太平洋。

太平洋中的海和岛

太平洋中著名的海有白令海、鄂霍次克海、日本海、黄海、东海、南海、爪哇海、珊瑚海、苏禄海、苏拉威西海、班达海、塔斯曼海、别林斯高晋海、罗斯海和阿蒙森海等。著名的岛屿和群岛有日本群岛、台湾岛、菲律宾群岛、印度尼西亚群岛以及世界第二大岛新几内亚岛、珊瑚岛、美拉尼西亚群岛、密克罗尼西亚群岛和玻利尼西亚群岛等。

自然资源

太平洋具有丰富的自然资源。西太平洋的日本海、鄂霍次克海都是重要的渔场，出产鲱鱼、鳕鱼、金枪鱼、蟹等。海水也可提取海盐等物质，海底还含有大量的锰结核。此外，近海大陆架还含有丰富的石油、天然气、煤等资源。太平洋生长的动、植物，无论是浮游植物或海底植物以及鱼类和其他动物都比其他大洋丰富。

交通运输

太平洋是国际交通贸易的巨大网络通道，在国际交通方面意义重大。太平洋上有许多条联系亚洲、大洋洲、北美洲和南美洲的重要海、空航线。太平洋东部的巴拿马运河和西南部的马六甲海峡，分别是通往大西洋和印度洋的捷径和世界的主要航道。

太平洋不太平

虽然名字叫太平洋，其实它一点也不太平。相反，太平洋以其吼啸的狂风和汹涌的波涛著名。在寒暖流交接的过渡地带和西风带内，常见狂风和波涛。全球约85%的活火山和约80%地震都集中在太平洋地区。太平洋东岸的美洲科迪勒拉山系和太平洋西缘的花彩状群岛是世界上火山活动最剧烈的地带，活火山多达370多座，有"太平洋火圈"之称，地震极为频繁。

拓展　太平洋名字的由来

1519年9月20日，葡萄牙航海家麦哲伦率领270名水手组成的探险队从西班牙的塞维尔起航，西渡大西洋，他们要找到一条通往印度和中国的新航路。船队由大西洋绕过南美洲，进入麦哲伦海峡。一路上狂风巨浪，经过30多天的迷宫般的航行之后，进入了一个新大洋。又经过110多天的航行，船队来到菲律宾群岛，这段航程也没有遇到一次风浪，天气晴朗，海面十分平静。饱受了先前滔天巨浪之苦的船员高兴地说："这真是一个太平洋啊！"从此，人们把美洲、亚洲、大洋洲之间的这片大洋称为"太平洋"。

大西洋

　　大西洋占地球表面积的近 20%。大西洋面积为 7676.2 万平方千米，仅为太平洋面积的一半。从赤道南北分为北大西洋和南大西洋。

地理位置

　　大西洋是地球上第二大洋，位于欧洲、非洲、北美洲、南美洲和南极洲之间。北以冰岛—法罗岛海丘和威维尔—汤姆森海岭与北冰洋分界，南临南极洲并与太平洋、印度洋南部水域相通；西南以通过南美洲最南端合恩角的经线同太平洋分界，东南以通过南非厄加勒斯角的经线同印度洋分界；西部通过南、北美洲之间的巴拿马运河与太平洋沟通，东部经欧洲和非洲之间的直布罗陀海峡连通地中海以及苏伊士运河与印度洋的红海沟通。

拓展　大西洋名字的由来

　　大西洋古名阿特拉斯海，名称起源于希腊神话中擎天巨神阿特拉斯。在希腊史诗《奥德赛》中，有一位顶天立地的大力神，名叫阿特拉斯。他知道世界上任何海洋的深度，并用石柱把天地分开。他就住在阿特拉斯海洋里。1650 年，荷兰地理学家波恩哈德正式使用"阿特拉斯洋"这个名称。汉文译为"大西洋"，是明朝时意大利传教士利玛窦翻译过来的，一直沿用至今。

大西洋中的海和岛

海和海湾：

　　加勒比海、墨西哥湾、地中海、黑海、里海、北海、波罗的海、威德尔海、马尾藻海等，比斯开湾、几内亚湾、哈得孙湾、巴芬湾、圣劳伦斯湾等。

岛屿和群岛：

　　大不列颠岛、爱尔兰岛、冰岛、纽芬兰岛、古巴岛、伊斯帕尼奥拉岛及加勒比海和地中海中的许多群岛，格陵兰岛也有一小部分位于大西洋。

海洋资源

大西洋中的海洋资源相当丰富，目前已勘探和利用的资源主要是矿产资源和水产资源。由于其大陆架上海水营养丰富，造就了大西洋的鱼群种类多样、数量巨大。另外，大西洋沿岸水域也蕴藏着丰富的石油和天然气资源。大西洋沿岸的许多地方都以采砂、砾石和贵重的矿物为主。

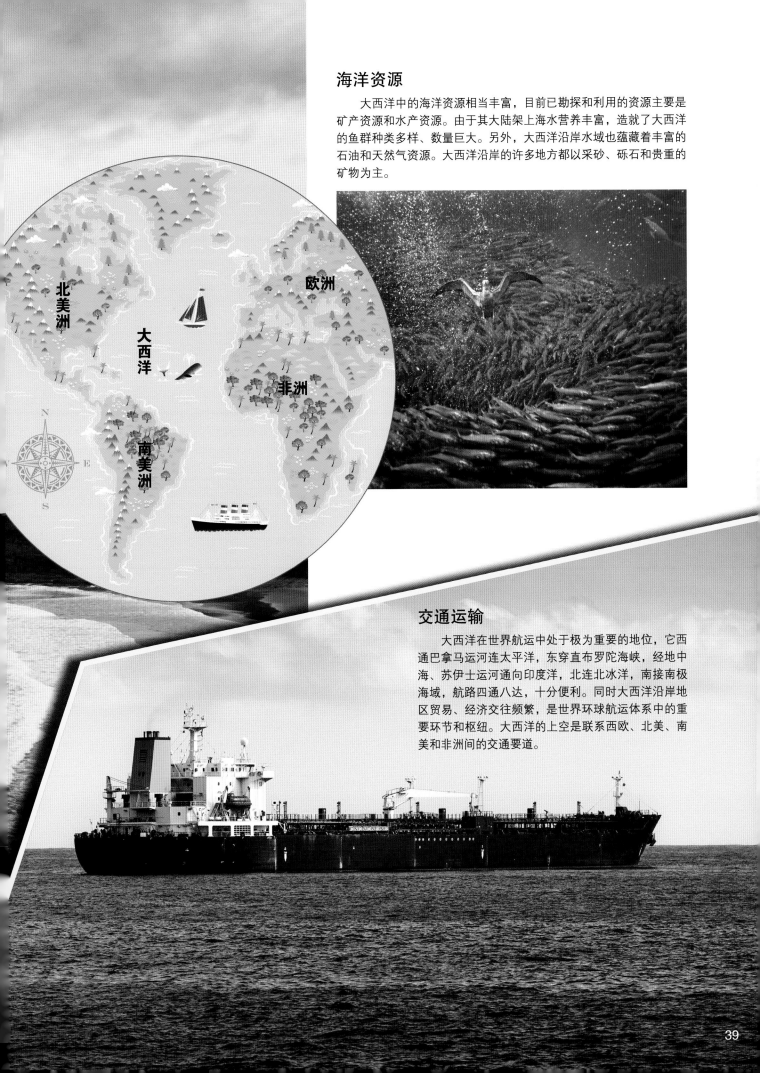

交通运输

大西洋在世界航运中处于极为重要的地位，它西通巴拿马运河连太平洋，东穿直布罗陀海峡，经地中海、苏伊士运河通向印度洋，北连北冰洋，南接南极海域，航路四通八达，十分便利。同时大西洋沿岸地区贸易、经济交往频繁，是世界环球航运体系中的重要环节和枢纽。大西洋的上空是联系西欧、北美、南美和非洲间的交通要道。

印度洋

印度洋位于亚洲、非洲、大洋洲和南极洲之间，是世界第三大洋，总面积为7411.8万平方千米，约占世界海洋总面积的20%。它的平均深度为3897米，最大深度为7729米。印度洋北部封闭，南部敞开，主体位于赤道热带和亚热带范围内，因此有"热带海洋"之称。

拓展　欧印航线的发现者——达·伽马

1497年7月8号，瓦斯科·达·伽马奉葡萄牙国王之命，率领4艘船和140多名水手，由首都里斯本起航，踏上了去探索通往印度的航程。开始沿着10年前迪亚士发现好望角的航路，迂回曲折地驶向东方。在足足航行了将近4个月的时间和4500多海里之后，在圣诞节前夕，达·伽马率领的船队最终通过了好望角驶进了西印度洋的非洲海岸。

地理位置

印度洋北部为印度、巴基斯坦和伊朗；西面为阿拉伯半岛和非洲；东边为澳大利亚、印度尼西亚和马来半岛；南边为南极洲。印度洋西南以通过南非厄加勒斯角的经线同大西洋分界，东南以通过塔斯马尼亚岛东南角至南极大陆的经线与太平洋联结。其轮廓北部为封闭陆地，南面则以南纬60°为界，与南大洋相连。

印度洋中的海、湾、岛

海和海湾：

印度洋的主要属海和海湾有红海、阿拉伯海、亚丁湾、波斯湾、阿曼湾、孟加拉湾、安达曼海、阿拉弗拉海、帝汶海、卡奔塔利亚湾、大澳大利亚湾等。

岛屿和群岛：

印度洋的岛屿大部分是大陆岛，如马达加斯加岛、斯里兰卡岛、安达曼群岛、尼科巴群岛、明打威群岛等。留尼汪岛、科摩罗群岛、阿姆斯特丹岛、克罗泽群岛、凯尔盖朗群岛为火山岛。拉克沙群岛、马尔代夫群岛、查戈斯群岛以及爪哇西南的圣诞岛、科斯群岛都是珊瑚岛。

自然资源

印度洋的自然资源相当丰富，矿产资源以石油和天然气为主，主要分布在波斯湾沿岸。此外，其海域沿岸附近都发现有石油和天然气，其金属矿以锰结核为主。印度洋的生物资源主要有各种鱼类、软体动物和海兽。简而言之，印度洋沿岸是世界资源的重要出口地。

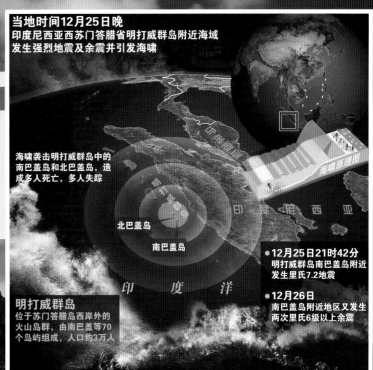

当地时间12月25日晚
印度尼西亚西苏门答腊省明打威群岛附近海域
发生强烈地震及余震并引发海啸

海啸袭击明打威群岛中的
南巴盖岛和北巴盖岛，造
成多人死亡，多人失踪

北巴盖岛

南巴盖岛

明打威群岛
位于苏门答腊岛西岸外的
火山岛群，由南巴盖等70
个岛屿组成，人口约3万人

● **12月25日21时42分**
明打威群岛南巴盖岛附近
发生里氏7.2地震

● **12月26日**
南巴盖岛附近地区又发生
两次里氏6级以上余震

拓展 ## 印度尼西亚海啸

印度洋海啸，也称为南亚海啸，发生在2004年12月26日，这次地震发生的范围主要位于印度洋板块与亚欧板块的交界处，地处安达曼海。这是自1960年智利大地震以及1964年阿拉斯加耶稣受难日地震以来最强的地震，也是1900年以来规模第二大的地震，引发海啸高达10余米，波及范围很广，给沿岸各国造成了巨大损失。

拓展 ## 郑和下西洋

自明永乐三年（1405年）至宣德八年（1433年）的28年间，郑和率众有过7次下西洋的历史。1405年7月11日（明永乐三年），郑和奉明成祖之命，率领庞大的船队远航，访问了30多个在西太平洋和印度洋的国家和地区，加深了中国同东南亚、东非的友好关系。

拓展 ## 印度洋名字的由来

印度洋在古代被中国人称为"西洋"。欧洲人早期不知道印度洋，只知道与印度洋相连的红海，称其为"厄立特里亚海"。"厄立特里亚海"希腊文译为红色，即红海。1497年，葡萄牙航海家达·伽马东航寻找印度，便将沿途经过的洋面统称为"印度洋"。这个名字逐渐被人接受，成为通用的称呼。

交通运输

印度洋是联系亚洲、非洲和大洋洲之间的交通要道。从印度洋向东通过马六甲海峡可以进入太平洋，向西绕过好望角可达大西洋，向西北通过红海、苏伊士运河，可进入地中海。由于中东地区盛产的石油通过印度洋航线源源不断地向外输出，因而印度洋航线在世界上占有重要的地位。

北冰洋

北冰洋是世界上最小、最浅和最冷的大洋，位于地球的最北边。面积约为 1475 万平方千米，不到太平洋面积的 1/10，占世界海洋面积的 4.1%。平均深度约为 1200 米，南森海盆最深处约 5500 米，是北冰洋的最低点。北冰洋终年气候寒冷，洋面上常年覆盖着冰层，是名副其实的冰的海洋。

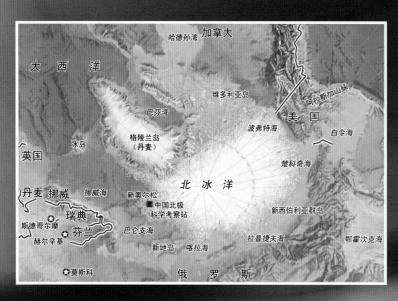

地理位置

北冰洋位于北极周围，大致以北极为中心，被亚洲、欧洲和北美洲三洲环抱，近于半封闭。通过挪威海、格陵兰海和巴芬湾同大西洋连接，并以狭窄的白令海峡沟通太平洋。

拓展　北冰洋名字的由来

北冰洋一名起源于希腊语，意思是正对着"大熊星座的海洋"。1650 年，德国地理学家贝恩哈德·瓦伦纽斯把它划为独立大洋，称其大北洋。1845 年，伦敦地理学会把这个欧、亚、美大陆环抱的海洋，正式命名为北冰洋。从此，北冰洋才有了固定的名字。

自然环境

北冰洋是世界上自然条件最恶劣的地区之一，由于位于地球的最北部，每年都会有独特的极昼与极夜现象出现。每年 10 月至次年 3 月，冬半年为"长夜"；4 月~9 月，夏半年为"长昼"。经过一个"白天"和一个"夜晚"，就是一年。每逢长夜来临，大自然只有美丽的月光和五彩缤纷的极光，给人们带来光明和安慰。

海洋资源

北冰洋由于地理位置及气候条件限制，使得其生物种类和数量不及其他大洋。但海洋生物也相当丰富，邻近大西洋边缘地区有范围辽阔的渔区，遍布繁茂的藻类等。北冰洋海域的矿产资源也相当丰富，如巴伦支海的石油和天然气，斯瓦尔巴群岛与格陵兰岛上的煤田，格陵兰的马莫里克山的铁矿等，但大多都尚未被开采利用。

拓展 **北冰洋的危机**

据测算，2005 年 9 月 21 日，北冰洋的海冰面积约为 530.95 万平方千米，为自有卫星监测以来的最小面积。研究表明，北冰洋海冰面积持续缩减，且北冰洋向大西洋放出的海冰增加，导致北冰洋内部的海冰面积缩小。

极地冰盖

北冰洋水文最大特点是有常年不化的冰盖，冰盖面积占总面积的 2/3 左右。海面上分布着自东向西漂流的冰山和浮冰。连续冰盖形成后很快就会破裂成相互分离的浮冰块，这些冰块被风和洋流共同推动，将它们堆积成厚厚的冰堆，缓慢地漂过北极。冰盖在这个过程中，得到不断的更新。并且，冰盖会随着季节、温度变换相应地扩大或收缩。

拓展 **因纽特人**

因纽特人是北极地区的原住民。因纽特人主要从事陆地或海上狩猎，以猎物为主要生活来源。他们的传统食谱全是肉类，他们也会生吃肉食而且更喜欢吃保存了一段时间并稍腐烂的肉。此外，他们善于用冰雪造屋。因纽特人世世代代都生活和居住在这里，距今已有 4000 多年的历史了。

南大洋

南大洋其实就是围绕南极洲的海洋，也是太平洋、大西洋和印度洋南部的海域。它与其他的大洋都不一样，不仅没有明显的界限，而且在洋流等特征上也不同于其他海洋，所以在2000年"国际水文地理组织"将其确定为一个独立的大洋，成为地球五大洋之一。

地理位置

南大洋环绕南极大陆，是北边无陆界的独特水域。由南太平洋、南大西洋和南印度洋各一部分，连同南极大陆周围的威德尔海、罗斯海、阿蒙森海、别林斯高晋海等共同组成。

自然资源

南大洋生物种类少，动物、植物耐严寒，脊椎动物个体大，发育慢。海洋食物链简短，即硅藻—磷虾—鲸类或其他肉食性动物。生物资源丰富，特别是磷虾和鲸，是世界上尚未开发的储藏量最为丰富的生物资源。这里浮游植物的主体是硅藻，现已发现近百种。其石油资源丰富，但开采和运输都有巨大困难。

冰间湖

在北冰洋和南大洋中，有一段特殊区域被称为"冰间湖"。这些区域即使到了寒冷的冬天也不会结冰，就像一个不结冰的小海湾。它的产生可能是因为强烈的风将刚刚结成的冰吹走了，也有可能是因为较为温暖的水从冰水下面涌升上来。不管原因如何，这些区域都很重要。它们为野生生物提供了休憩、觅食的场所。

拓展　　**南大洋的开拓者**

英国海洋学家迪肯伯爵，1906年出生于德莱斯特。他早年接受过伦敦皇家学院教育，21岁时就登上了海洋调查船开始对南大洋进行考察，是较早、较全面地研究南大洋温度和盐度结构的海洋学家之一，也被公认为南大洋研究的开拓者。

威德尔海

威德尔海是位于南极洲大西洋一侧的巨大海湾，是南大洋最大的附属海。以1823年最先到此的英国航海家威德尔的名字命名。它的西部被南极半岛蜿蜒的海岸线封闭。威德尔海的南部海岸位于庞大的龙尼冰架下方，该冰架是大陆冰盖的浮动延伸部分，各海域都被漂浮的海冰覆盖。威德尔海海水富含营养盐，是浮游生物最密集的海区之一。

罗斯海

罗斯海是位于南极圈内的一浅海，是南大洋主要的附属海，以1841年到此探险的英国人罗斯的名字命名。罗斯海南连罗斯冰架，东靠维多利亚地，北与太平洋相通，海面略呈三角形。其面积约96万平方千米，平均水深500~700米，沿岸是环太平洋火山地震带的一小段。罗斯海是南极底层水的主要源地之一，而南极底层水在大洋深层环流中起着重要作用。

德雷克海峡

德雷克海峡是南大洋主要的海峡，以1578年首先到此的英国航海家德雷克的名字命名，位于南美洲南端与南极洲南设得兰群岛之间。其表层水富含磷酸盐、硝酸盐和硅酸盐，海水盐度与含氧量自北向南递减。这里是世界上营养盐丰富，有利于生物生长的著名海区之一。

海冰

南大洋的冰分为由海水冻结而成的海冰和由冰架前缘崩解入海而成的冰山。南大洋南部海冰冰场广阔，大约有400万平方千米属永久封冻区，另有随季节变化的冰盖洋面约1700万平方千米。南极大陆周围海冰平均厚度为2米。南大洋的冰山主要来源于罗斯海和威德尔海的冰架，颜色较白，密度较小，体积巨大，顶部扁平。常见的冰山长达8千米左右，但高度很少有超过35米的。

边缘海

世界上的海分为：陆间海、陆内海（也叫内海）和边缘海。边缘海是位于大陆和大洋边缘的海洋，是水流交换通畅的海域，其一侧以大陆为界，另一侧以半岛、岛屿或岛弧与大洋分隔。比如中国的东海和南海就是太平洋的边缘海。

鄂霍次克海

鄂霍次克海的西部和北部为西伯利亚海岸，东部与堪察加半岛毗邻，南部边界则是有火山活动的千岛群岛，西南为库页岛，通过鞑靼海峡与拉彼鲁兹海峡（宗谷海峡）与日本海相连，可谓是四面环岛，海域因此也属于温带季风气候。冬季海面漂浮的神秘浮冰成了当地最著名的景观。

边缘海的分类

边缘海可按其主轴方向分为纵边缘海和横边缘海。主轴方向平行于附近陆地的主断层线的为纵边缘海，如白令海、鄂霍次克海、日本海等；主轴线与断层线大体上呈直交的为横边缘海，如北海等。

塔斯曼海

塔斯曼海是西南太平洋的边缘海，位于澳大利亚东南岸、塔斯马尼亚和新西兰之间，北与珊瑚海相连，西南以巴斯海峡与印度洋相连，东有科克海峡（新西兰南、北岛之间）与太平洋相通。北边封闭，南边开放，受到南大洋的影响。塔斯曼海以多风暴而闻名，而塔斯曼海的群岛则以小蓝企鹅而闻名。

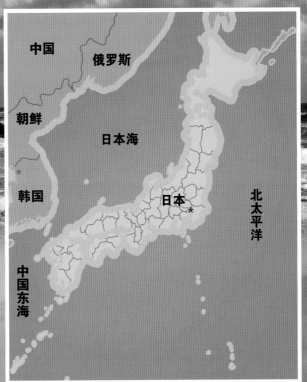

中国
俄罗斯
朝鲜
日本海
韩国
日本
北太平洋
中国东海

日本海

日本海是西北太平洋最大的边缘海，整个海域南宽北窄略呈椭圆形。在中国元朝和明朝初期时称日本海为"鲸海"，清朝时又称为"金海"。海域的北部和东南部有丰富的渔场，其海底下丰厚的天然气及石油资源，都是各国希望得到的重要资源。因此，各国为了获得更大的利益而引发不少的领土纠纷。

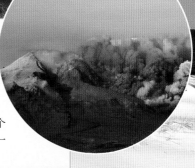

拓展 **堪察加半岛**

堪察加半岛位于俄罗斯远东地区，是俄罗斯最大的半岛。西濒鄂霍次克海，东临太平洋和白令海。在堪察加半岛上有127座火山，其中有22座活火山和许多的喷泉和温泉，不失为一个度假的好去处。并且在半岛南端还有俄罗斯唯一的小型地热发电站。

阿拉伯海

阿拉伯海是印度洋的一部分，位于亚洲南部的阿拉伯半岛和印度半岛之间。其北部为波斯湾和阿曼湾，西部经亚丁湾通向红海。其海底是一个面积广阔的海盆，比较平坦。整个海域岛屿较少，沿海地区大陆架面积狭小，仅印度半岛沿岸较为宽阔。阿拉伯海处于热带季风气候区，终年气温较高。阿拉伯海是连接亚、欧、非三大洲海上交通的重要水域，为世界性交通要道。

珊瑚海

探险家在太平洋西南部海域，澳大利亚和新几内亚岛以东，所罗门群岛以南的地方，发现了一个五彩缤纷的海，叫作珊瑚海。它东部有很深的海沟，北部是深海盆，在北部和西部分布着无数的珊瑚礁。那里是珊瑚虫的天下，它们巧夺天工，建造了世界上最大的堡礁。珊瑚海是太平洋的边缘海，面积478.89万平方千米，也是世界上面积最大的海。

挪威海

挪威海是北冰洋的边缘海，位于斯瓦尔巴群岛、冰岛和斯堪的纳维亚半岛之间。海区北通北冰洋，南连北海，西接大西洋，地理位置十分重要，是西北欧海上航运通道。挪威海中部的断裂带，把海域分为南北两部分，北部为罗弗敦海盆，南部为挪威海盆。挪威海由于有大西洋较暖且咸的洋流经过，所以海面不会结冰。此海域渔产丰富，是世界三大海产出口地区之一。

拓展 ▶ **珊瑚海潜水**

在珊瑚海中有一种巨毒的箱型水母，是一种低等的腔肠动物。在夏季，它们会迫使游泳者只能在海湾内游泳，如果游泳者不小心碰到其长达1米的触手，可能会立即丧命。但是在冬天，这种水母就不会对游泳者起作用，因为它们怕冷。而此时的珊瑚海就成为潜水者的天堂。

白令海

　　白令海面积 230.4 万平方千米，是太平洋沿岸最北的边缘海，海区呈三角形。北以白令海峡与北冰洋相通，南隔阿留申群岛与太平洋相连，位于太平洋最北端的水域，它将亚洲大陆（西伯利亚东北部）与北美洲大陆（阿拉斯加）分隔开。白令海的海洋生物极其丰富，有鲑鱼、比目鱼、绿鳕、海胆、鲸、海狸等。

拓展　　**白令海名字的由来**

　　1725 年 1 月，丹麦人白令被命令去完成"确定亚洲和美洲大陆是否连在一起"的任务。在此后 17 年中，白令前后完成了两次极其艰难的探险航行。1728 年第一次驶过白令海；而在 1739 年开始第二次航行探险中，共有 100 多人死亡，包括白令自己，后人为纪念这位伟大的探险家，就把太平洋与北冰洋之间的海峡称为白令海峡，把白令海峡南部的海域称为白令海。

中国三大边缘海

　　中国三大边缘海分别是：黄海、东海、南海。其中在中国的边缘海中盐度最高的是南海，它也是中国海域中最深、最大的海。岛屿最多的是东海。

内海

　　内海是一国领海基线以内的海域，包括内陆海、内海湾、内海峡和其他位于海岸与领海基线之间的海域。它深入大陆内部，被大陆、岛屿或群岛包围，仅通过狭窄的海峡与大洋或其他海相沟通。其海洋水文特征受大陆影响显著。渤海就是中国的内海。

里海

　　里海位于欧洲和亚洲的交界处，东北为哈萨克斯坦，东南为土库曼斯坦，南面为伊朗，西南为阿塞拜疆，西北为俄罗斯。其实，里海并不是真正的海，它是世界上最大的湖泊，也是世界上最大的咸水湖。但从自然特点和形成原因来看，它都有海的特征。所以，人们就把这个世界上最大的湖称为"里海"了。

死海

　　死海位于以色列、约旦和巴勒斯坦之间。远远望去，死海形似一条双尾鱼，或藏或露，游弋在群山脚下。死海中富含盐分，在这样的水中，鱼儿和其他水生物都难以生存，岸边及周围地区也没有花草生长，所以人们称之为"死海"。死海是世界陆地表面最低点，有"世界的肚脐"之称。

拓展　　死海"不死"

　　死海之所以称之为死海，是因为海水太咸了。海水中含有大量盐分导致水中鱼儿及其他水生物无法在里面生存。但死海并不是真的是"死的"，死海中还是存在细菌和绿藻等生物的。此外，因其水密度太大，人在死海里是不会淹死的，甚至可以躺在水面上看报。

黑海

　　黑海位于欧洲东南部和亚洲小亚细亚半岛之间，因水色深暗、多风暴而得名。黑海向西通过博斯普鲁斯海峡、马尔马拉海、达达尼尔海峡与地中海相通，向北经刻赤海峡与亚速海相连，水域形似椭圆形。黑海是多瑙河、第聂伯河等大河的汇入处，所以黑海海水的盐度比大多数海水都要低。

拓展

"黑色的海"——黑海

　　黑海并不是因为其海水呈黑色才被称为黑海的。事实上，在正常情况下，黑海是呈现蓝色的。只是在阴天的时候，海水会变暗，所以，黑海只是一种视觉上的黑。黑海的海水变暗是因为上下海水不能对流，使得含氧丰富的深层海水不能流通，海底有机质缺氧便淤积成黑泥。遇上风暴天气，乌云翻滚，海上大风把海底淤泥翻卷上来，搅浑海水，海水便显得又暗又黑了。

爱琴海

　　爱琴海是地中海东部的一个大海湾，位于希腊半岛和小亚细亚半岛之间，将希腊和土耳其分隔开来。爱琴海的东北部经达达尼尔海峡与马尔马拉海相连。爱琴海岛屿众多，拥有7个群岛，约2500个大小岛屿，所以爱琴海又有"多岛海"之称。爱琴海是黑海沿岸国家通往地中海以及大西洋、印度洋的必经水域，在航运和战略上具有重要地位。

拓展

爱琴海传说

　　关于爱琴海的名字，有一个凄美的爱情故事。相传希腊有一位有名的竖琴师叫琴，在国王去拜访她的时候，他们一见钟情并结婚。后来，国王为了保护他的子民，战死沙场。琴为了纪念国王，每天清早，就去收集散落的露珠。直至琴死后，人们把琴收集的露水倒在她沉睡的地方。当最后一滴露珠落地时，奇迹发生了，琴的坟边涌出了一股清泉，慢慢由少变多，汇聚成海。从此，希腊人就称它为"爱琴海"。

亚得里亚海

亚得里亚海位于意大利半岛和巴尔干半岛之间，为地中海的一部分，其南部经奥特朗托海峡通往伊奥尼亚海。亚得里亚海呈西北—东南走向，形状狭长，长约800千米，宽95~225千米，面积13.2万平方千米。它是沿岸国家间以及沿岸国家通往地中海、大西洋、印度洋的重要通道，在经济和战略上具有重要意义。

拓展　　　　**克里特岛**

克里特岛是爱琴海中面积最大的一个岛屿，也是爱琴海南部的一个屏障。岛上有着大面积的肥沃耕地，适于植物生长。克里特岛被称为爱琴海最南面的皇冠，这里是许多希腊神话的发源地，过去是希腊文化的摇篮，现在则是风景优美的度假胜地。

濑户内海

濑户内海位于日本本州、四国和九州之间。北面为本州，南面靠九州，中依四国，东濒太平洋，西邻中部城市大阪，因在诸海峡之内得名。这里气候温暖少雨，较干燥。自古航运发达，是连接本州和九州，以及日本沟通中国和朝鲜半岛的通道。

波罗的海

波罗的海是欧洲北部的内海，也是世界上盐度最低的海，海水平均盐度只有 7‰~8‰。位于斯堪的那维亚半岛与欧洲大陆之间，呈三岔形。它的四面几乎均被陆地环抱，整个海面介于瑞典、俄罗斯、丹麦、德国、波兰、芬兰、爱沙尼亚、拉脱维亚、立陶宛 9 个国家之间。波罗的海和北海诸海峡是连接波罗的海和北海的天然水系，是波罗的海和北海沿岸各国相互来往和通往世界各大港口的主要航道。

陆间海

陆间海是指位于两个大陆之间的海。它被陆地环绕，形成一个形似湖泊，但具有海洋特质的海洋，一般与大洋之间仅以较窄的海峡相连。

亚速海

亚速海是一个陆间海，西面为克里米亚半岛，北面为乌克兰，东面为俄罗斯。自乌克兰独立以后，它成为俄乌两国的"公海"，主要的河流有顿河和库班河。亚速海是世界上最浅的海域，海洋生物丰富，沙丁鱼格外多。塔甘罗格湾是其最大海湾。这里水温夏季 20℃~30℃，冬季虽低于 0℃，但不影响通航。

拓展

迪拜

迪拜位于波斯湾南岸，是阿拉伯联合酋长国中人口最多的酋长国，被誉为阿联酋的"贸易之都"，它也是整个中东地区的转口贸易中心。迪拜拥有世界上第一家七星级酒店、全球最大的购物中心、世界最大的室内滑雪场。源源不断的石油和重要的贸易港口地位，为迪拜带来了巨大的财富，如今的迪拜已成为奢华的代名词。

地中海

地中海处在欧亚板块和非洲板块交界处，由北面的欧洲大陆、南面的非洲大陆以及东面的亚洲大陆所包围，是世界上最古老的海。地中海是世界上最大的陆间海，它西经直布罗陀海峡可通大西洋，东北经土耳其海峡接黑海，东南经苏伊士运河出红海达印度洋，是欧、亚、非三大洲的交通枢纽，也是大西洋和印度洋、太平洋之间往来的捷径。

红海

　　红海是位于非洲东北部和阿拉伯半岛之间的狭长海域。这个海域由埃及苏伊士向东南延伸到曼德海峡与亚丁湾相连，然后通往印度洋的阿拉伯海，贯穿了大西洋和印度洋，是一条重要的石油运输通道，具有重要的战略价值。红海属于东非大裂谷的一部分，是阿拉伯地区从非洲大陆分离时形成的。

欧洲
亚洲
地中海
阿拉伯
半岛
大西洋
非洲
红海
阿拉伯海

拓展　　**红海的颜色**

　　红海的名称由来已久。古时腓尼基人航行到这里时，看到海水朦胧地泛红，而暴风雨来临时，沙漠上尘土飞扬，使海面显得更红，所以腓尼基人称其为红海。其实红海的海水并不是红色的，红海温度较高，适宜海藻生物的繁衍，所以表层海水中大量繁殖着一种红色海藻，大批的海藻死亡后呈红褐色，映衬出海水的红色来。

世界海洋之最

拓展

◆ 最大的洋：太平洋（面积 1 亿 5560 万平方千米）
◆ 最深的洋：太平洋（最深处马里亚纳海沟深达 11034 米）
◆ 最小的洋：北冰洋（面积 1475 万平方千米）
◆ 最大的海：珊瑚海（面积 478.89 万平方千米）
◆ 最小的海：马尔马拉海（面积 11350 平方千米）
◆ 最浅的海：亚速海（平均深度只有 8 米，最深处仅 15.3 米）
◆ 最咸的海：红海（北部盐度有 42‰，比起世界海水平均盐度 35‰高得多）
◆ 最淡的海：波罗的海（海水平均盐度只有 7‰～8‰）
◆ 最多岛屿的海：爱琴海（拥有 7 个群岛，总共约有 2500 个大小岛屿）
◆ 最古老的海：地中海
◆ 沿岸国家最多的海：加勒比海（沿岸有 20 多个国家）

加勒比海

　　加勒比海位于北美洲东南部、南美洲东北部，是大西洋西部的一个陆间海。这里风景迷人，阳光明媚，海水清澈，是著名的旅游胜地。加勒比海沿岸有 20 多个国家，使得它成为世界上沿岸国家最多的海域。它还与墨西哥相连，和墨西哥湾并称为"美洲地中海"。

公海

　　1982 年《联合国海洋法公约》规定，公海是不包括在国家的专属经济区、领海或内水或群岛国的群岛水域以内的全部海域。公海供所有国家平等地共同使用。它不是任何国家领土的组成部分，因而不处于任何国家的主权之下；任何国家不得将公海的任何部分据为己有，不得对公海本身行使管辖权。

公海管辖

　　公海管辖，是指国家不得对公海本身行使管辖权或在公海范围内行使属地管辖。国家对公海上有关的船舶、人、物或事件进行管辖，必须是在国际法中其他管辖规则和相关规定基础上进行，其中最主要是船旗国管辖和普遍性管辖两种。

公海自由

　　公海自由是一个非常古老的国际法原则，是受到各国公认的。主要包括航行自由、飞越自由、捕鱼自由、铺设海底电缆和管道的自由、建造国际法所容许的人工岛屿和其他设施的自由，还有在公海上进行科学研究的自由。但公海自由并不是绝对的，它还受到《联合国海洋法公约》的条件限制。

利剑行动

公海赌场

普遍性管辖

　　为了维持公海上的良好秩序，各国有权对公海上的违反人类利益的国际性罪行以及某些违反国际法的活动进行干预和管辖。这类违法行为或罪行包括：海盗行为、非法广播、贩运奴隶和贩运毒品等。

紧追权

为了保护沿海国的利益，对违反该国法律并从该国管辖范围内的水域驶向公海的外国商船，沿海国有权进行追赶，这种权利就是紧追权。行使紧追权要注意以下几点：首先，紧追必须从该国管辖海域开始。其次，紧追必须连续不断地进行，如果由于某种原因，进行紧追的船舶或飞机退出紧追，导致紧追的中断，紧追权就不能再行使了。第三，紧追在被追逐者进入本国或第三国的领海时就必须停止，否则就会构成对他国领土的侵犯。第四，紧追只能由军舰、军用飞机或其为政府服务并经授权的船舶或飞机进行。如果在无正当理由的情况下进行紧追，在领海以外被命令停止航行或被逮捕的船舶，对于可能因此遭受的任何损失有权获得赔偿，追逐国应承担责任。

拓展 **紧追权——"孤独号"事件**

"孤独号"事件，是一起有关紧追权行使的案例。1929年3月20日，装有大量酒的"孤独号"商船停泊在美国海岸不远处，美国海岸警卫船"沃尔科特号"发现这艘船后命令其停船接受检查，"孤独号"不予理会，立刻掉头高速向公海驶去。"沃尔科特号"追上了"孤独号"，继续要求停船检查，但再一次遭到了拒绝。"孤独号"继续向公海方向逃离。3月22日，美国海岸警卫队派出"狄克斯特号"赶来协助执法，在发出多次警告无效后，终于开炮击沉了"孤独号"。

登临权

登临权又称临检权，指各国军舰或经授权的政府船舶在公海上遇到外国船舶有从事公约所列的违反国际法的行为嫌疑时，可以靠近和登上该船进行检查的权利。紧追权和登临权都是国家在公海上行驶管辖权的体现。

群岛水域

群岛水域是指群岛国按照《联合国海洋法公约》规定的方法划定的群岛基线所包围的水域，即群岛基线以内，河口、海湾和港口封闭线以外所包括的水域，具有特殊的法律地位。

拓展 海盗行为

海盗行为是指私人船舶或私人飞机的船员、机组人员等，为达到私人目的，在公海上或在任何国家管辖范围以外的地方，对另一船舶或飞机上的人和物，进行任何非法暴力、扣留行为或任何掠夺性行为等。

群岛基线

群岛基线是指连接群岛最外缘各岛和各干礁的最外缘各点构成的直线群岛基线。这条线是群岛国测量其领海、毗邻区、专属经济区和大陆架的基线，划定时要受到《联合国海洋法公约》和其他具体规则的限制。

群岛国主权

群岛国主权是指拥有独立主权的群岛国家。群岛国主权包括对群岛水域、水域上空、海床和底土的管辖，以及其中资源的管理和利用。

群岛和群岛国

　　群岛就是指一群岛屿，包括若干岛屿的若干部分、相连的水域和其他自然地形。它们彼此密切相关，以至这种岛屿、水域和其他自然地形在本质上构成一个地理、经济和政治的实体。

　　群岛国就是指全部由一个或多个群岛构成的国家。除群岛外，群岛国也可以包括其他岛屿。目前世界上有30多个群岛国，主要有巴哈马、英国、印度尼西亚、菲律宾、冰岛等。

群岛水域通过制度

　　群岛水域通过制度是指外国船舶和飞行器通过群岛水域应遵守的法律制度。它包含两种情况：第一种情况是所有国家的船舶均享有通过群岛国内水界线以外的群岛水域的无害通过权；第二种是群岛国可以指定适当的海道和其上空的空中通道，以便外国船舶和飞机通过。

第三章 神圣的蓝色国土

　　放眼世界，了解世界海洋的知识，目睹世界海洋给我们展现的壮丽景象时，作为华夏儿女的我们，更应该了解的是：根据《联合国海洋法公约》，中国拥有近 300 万平方千米主张管辖海域，这是中国神圣的、不可侵犯的海洋国土。

海洋国土

　　海洋国土又被称为"蓝色国土"。《联合国海洋法公约》规定，国内的内海、领海均属于国家领土部分，国家可对其行使主权，对其内的一切人和物都享有专属管辖权。此外，它还包含该国管辖的领海的毗连区、专属经济区和大陆架。

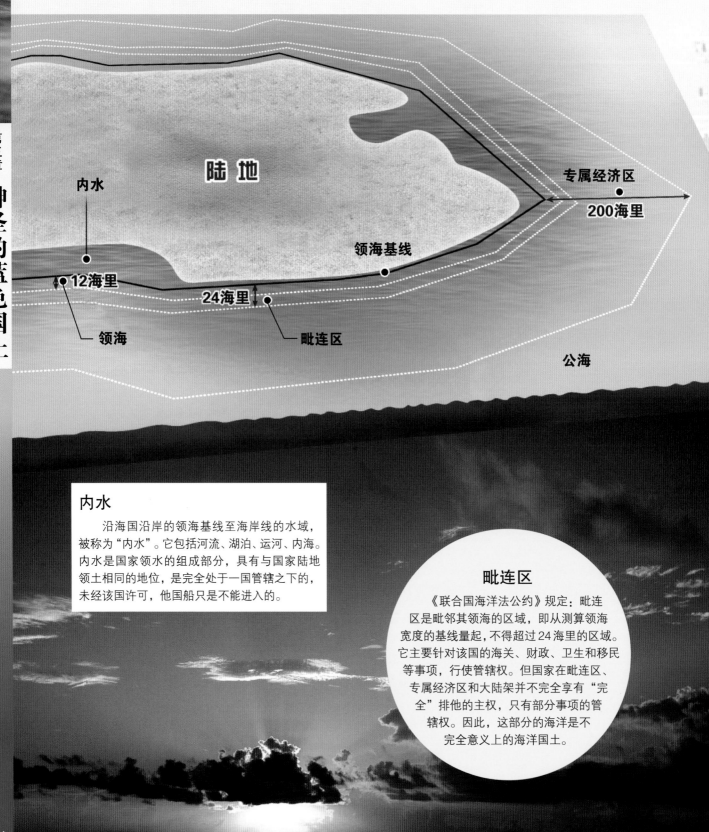

陆 地

内水

专属经济区

200海里

领海基线

12海里

24海里

领海

毗连区

公海

内水

　　沿海国沿岸的领海基线至海岸线的水域，被称为"内水"。它包括河流、湖泊、运河、内海。内水是国家领水的组成部分，具有与国家陆地领土相同的地位，是完全处于一国管辖之下的，未经该国许可，他国船只是不能进入的。

毗连区

　　《联合国海洋法公约》规定：毗连区是毗邻其领海的区域，即从测算领海宽度的基线量起，不得超过24海里的区域。它主要针对该国的海关、财政、卫生和移民等事项，行使管辖权。但国家在毗连区、专属经济区和大陆架并不完全享有"完全"排他的主权，只有部分事项的管辖权。因此，这部分的海洋是不完全意义上的海洋国土。

专属经济区

《联合国海洋法公约》规定：在领海以外并邻接领海的区域，即从测量领海宽度的基线量起，不超过200海里的海域就为该沿海国的专属经济区。在此区域内沿海国具有勘探、开发、养护的主权权利，享有对海洋科学研究、海洋环境保护、人工岛屿及其他设施的建设和使用的管辖权。而其他国家享有航行、飞越等自由。

大陆架

大陆架又叫"大陆棚"或"大陆浅滩"，是沿海国中包括陆地领土在内的全部自然延伸，其范围扩展到大陆边缘的海底区域。它就像海洋这个大浴缸的边缘，但宽度不一定，有的地方甚至基本没有。大陆架中含有丰富的矿藏和海洋资源，并且绝大多数的海洋动植物都是生活在大陆架所在的海域里。

拓展　大陆架的产生

地壳发生升降运动使得陆地下沉，被水淹没，就逐渐形成了大陆架；也可能是海水冲击海岸时，产生了海蚀平台，然后被水淹没，逐渐形成了大陆架。所以，大陆架是地壳运动或是海浪冲刷产生的结果。如果将大陆架海域的水全部抽光，当大陆架完全成为陆地时，不难发现大陆架的面貌其实与大陆基本上是一样的。

中国海岸警卫队

拓展　世界海洋日

2008年12月5日，第63届联合国大会通过第111号决议，决定自2009年起，每年的6月8日为"世界海洋日"。而"世界海洋日"的确立，既为国际社会应对海洋挑战搭建了平台，也为在中国进一步宣传海洋的重要性、提高公众海洋意识提供了新的机会。

不可侵犯的领海

领海就是沿海国主权管辖下与其海岸、内水相邻一定宽度的海域。在群岛国的情形下则及于群岛水域以外邻接的一带海域。它是国家领土在海洋的延续，属于海洋国土的一部分。领海的上空、海床和底土，均属沿海国主权管辖。根据国家的属地优越权，各国对在本国领海内发生的一切犯罪行为，包括发生在外国船舶上的犯罪行为，有权行使司法管辖。

中华人民共和国钓鱼岛及其附属岛屿的领海基线

黄尾屿　钓鱼岛　北小岛　南小岛　赤尾屿

钓鱼岛、黄尾屿、南小岛、北小岛、南屿、北屿、飞屿的领海基线为下列各相邻基点之间的直线连线

1	钓鱼岛1	北纬25° 44.1′	东经123° 27.5′
2	钓鱼岛2	北纬25° 44.2′	东经123° 27.4′
3	钓鱼岛3	北纬25° 44.4′	东经123° 27.4′
4	钓鱼岛4	北纬25° 44.7′	东经123° 27.5′
5	海豚岛	北纬25° 55.8′	东经123° 40.7′
6	下虎牙岛	北纬25° 55.8′	东经123° 41.1′
7	海星岛	北纬25° 55.6′	东经123° 41.3′
8	黄尾屿	北纬25° 55.4′	东经123° 41.4′
9	海龟岛	北纬25° 55.3′	东经123° 41.4′
10	长龙岛	北纬25° 43.2′	东经123° 33.4′
11	南小岛	北纬25° 43.2′	东经123° 33.2′
12	鲳鱼岛	北纬25° 44.0′	东经123° 27.6′
1	钓鱼岛1	北纬25° 44.1′	东经123° 27.5′

赤尾屿的领海基线为下列各相邻基点之间的直线连线

1	赤尾屿	北纬25° 55.3′	东经124° 33.7′
2	望赤岛	北纬25° 55.2′	东经124° 33.2′
3	小赤尾岛	北纬25° 55.3′	东经124° 33.3′
4	赤背北岛	北纬25° 55.5′	东经124° 33.5′
5	赤背东岛	北纬25° 55.5′	东经124° 33.7′
1	赤尾屿	北纬25° 55.3′	东经124° 33.7′

钓鱼岛　钓鱼岛4　钓鱼岛3　钓鱼岛2　钓鱼岛1　鲳鱼岛

领海基线

领海基线是沿海国划定领海外部界限的一条起算线。一般是按沿海国的大潮低潮线算起，但在一些海岸线曲折的地方，或者海岸附近有一系列岛屿时，允许使用直线基线的划分方式，即在各海岸或岛屿确定各适当点，以直线连接这些点（这些点称为领海基点）来划定基线。中国采用直线基线法划定中国领海。

2012年9月10日 公布钓鱼岛及其附属岛屿的领 海基点基线	2012年9月20日 公布钓鱼岛海域部分地理实体 标准名称
2012年9月11日起 发布钓鱼岛附近海域海洋环境 预报	2012年9月25日 发表《钓鱼岛是中国的固有领 土》白皮书
2012年9月14日 海监船开展颁布钓鱼岛领海基 线后首次巡航	2012年12月13日 中国执法公务飞机抵钓鱼岛 上空
2012年9月15日 公布钓鱼岛及其部分附属岛屿 地理坐标	2013年2月4日 时长14小时16分的钓鱼岛领 海专项巡航执法
2012年9月16日 提交东海200海里外大陆架划 界案	2013年2月18日 开展钓鱼岛领海内巡航最近距 岛0.8海里

中国维护钓鱼岛主权十大事件

钓鱼岛及附属岛屿海洋基线

下虎牙岛
海星岛
海豚岛
黄尾屿
海龟岛

长龙岛
南小岛

领水和领海是一回事吗

领水和领海当然不是一回事。领海是指距离国家海岸线有一定宽度的海域，是该国领土的组成部分，单指海域；而领水是指分布在一个国家领土内的河流、湖泊、运河、港口、海湾等水域。所以，领水包含了领海的意思，比领海的意思更为宽泛。

拓展 ## "海洋国门"

中华人民共和国成立后，中国政府为了着手对领海基线的研究，专门成立了海洋局。1985年，中国政府确定领海宽度为12海里。同年9月4日，中央人民广播电台向全世界庄严宣布：中国的领海宽度为12海里，一切外国飞机和军用船舶，未经中国政府许可，不得进入中国领海及其上空。

12 海里

24 海里

200 海里

陆
地

内
水

领海

毗邻
区

专属
经济区

领海基线

拓展 ## 钓鱼岛的历史渊源

钓鱼岛自古就是中国的一部分。早在隋炀帝时，使臣朱宽就被指派召琉球群岛归顺，这是中国可追溯到的最早的关于钓鱼岛的记载。到了明太祖时期，琉球群岛正式成为中国的藩邦属国之一。1372年，中国人杨载第一个到达钓鱼岛。明永乐年间出版的《顺风相送》，以及明嘉庆十一年陈侃所著的《使琉球录》，对中国人在钓鱼岛采珠集药、捕鱼开发均有详细记载。明清时期的多幅疆海图上都标有钓鱼岛。

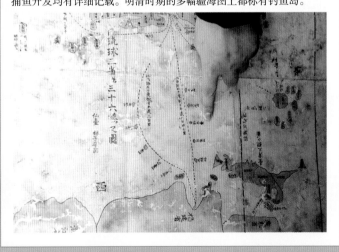

领海宽度

《联合国海洋法公约》规定，"每一国家有权确定其领海的宽度"。但就其最大范围进行了限制，即："从按照本公约确定的基线量起不超过12海里的界限"。在中国海洋基线以内包括渤海湾、琼州海峡在内的水域都是中国的内海，而基线以内的岛屿，包括东引岛、高登岛、马祖列岛、白犬列岛、乌岠岛、大小金门岛、大担岛、二担岛、东椗岛在内的岛屿都是中国的内海岛屿。

中国海岸线

　　中国拥有近300万平方千米的主张管辖海域与约32000千米长的海岸线。中国将海岸线分为大陆岸线与海岛岸线，其中大陆岸线约18000千米。中国海岸线曲折漫长，由北向南，经中朝交界的鸭绿江口至中越交界的北仑河口，轮廓呈现向东南凸出的弧形。

海岸类型

　　根据塑造海岸的主导因素和海岸的物质组成，中国海岸可分为平原海岸、山地丘陵海岸和生物海岸。

　　平原海岸包括杭州湾以北，除辽东半岛和山东半岛以外的绝大部分。三角洲海岸是平原海岸中的一个重要组成部分，是由于流域来沙在河口不断堆积而成的，这类海岸在黄河、长江、珠江等河口都有。

　　山东半岛和辽东半岛海岸、杭州湾以南海岸以及台湾东海岸，绝大部分都是山地丘陵海岸。

　　生物海岸主要有珊瑚海岸和红树林海岸两种。由于中国热带海域辽阔，所以珊瑚礁在中国分布较广，南海诸岛、海南岛沿海、雷州半岛南部沿海、澎湖列岛等地都有分布。中国红树林主要分布在广东、广西、海南沿海、福建和台湾南部。

拓展　**最大的芦苇场和最长的芦苇海岸——大凌河口**

　　大凌河口湿地位于辽宁省辽河三角洲湿地西部，主要由芦苇、沼泽、潮滩、浅海构成，面积为1016平方千米。这里生物种群多种多样，在区域内分布有40多种国际重点保护物种，栖息着近400种野生动物。同时作为辽河三角洲湿地的重要组成部分，它不仅是中国河口湿地的典型区域，也是国际上重要的滨海湿地之一。

海岸线西部端点——北仑河口

北仑河口位于中国大陆海岸最西南端（广西壮族自治区的东兴市南部），是国家自然保护区，总面积为30平方千米。1985年，经原防城县人民政府批准，在这里建立了自然保护区。1990年，这里晋升为自治区级，是一个以红树林生态系统为主要保护对象的自然保护区。

最北部出海口——图们江口

图们江口是中国最北的出海口，位于吉林省。1860年，沙俄强迫清政府签订《中俄北京条约》，把图们江口割给俄国。同年10月，在清使吴大澂与俄签订的《珲春东界约》中，肯定了中国有从图们江口出海的权力。1938年，日军封锁图们江口，从此中断了中国由此出海的权力。1992年3月，《中苏东段边界协定》正式生效，中国在图们江口的出海权得到了恢复，但目前仍未实质获得出海权。

渤海

渤海是中国的内海，也是西太平洋的一部分。它为陆地所环绕，是一个近似封闭的内海，通过渤海海峡和庙岛群岛间的水道与黄海相通。渤海周围有北部辽东湾、西部渤海湾、南部莱州湾、中央浅海盆地和渤海海峡。

气候

渤海四季分明：春季干旱多风；夏季高温多雨；秋季则云淡风轻；冬季干燥寒冷。渤海岸边的海滨城市温度适宜，是休闲度假的好地方。

增殖放流

当海洋生物幼体成长到一定阶段后，科学家便实施幼体放流计划，人为扩增渤海的渔业资源规模，维持渤海的生态平衡。这种做法，大大缓解了渤海渔业资源匮乏的局面，并改善了水体生态环境。

港口

在环渤海地区 6000 余千米大陆海岸线上，天津港、大连港、秦皇岛港、烟台港等国际化贸易港口犹如一颗颗珍珠，将地区经济串联在一起。渤海的港口分布密集，大型港口及能源进出口港多，自然地理条件好，经济发达，腹地广阔，资源丰富，是中国北方对外贸易的重要海上通道。

渤海困扰——海冰

渤海位于中国北方，冬季盛行从西北或北部内陆地区吹来的较强的冷空气。因此，渤海是结冰海域。暖冬时，其海冰覆盖面积不足渤海海域的 15%；而遇到冷冬，海冰会覆盖渤海 80% 以上的海域面积。近海结冰，给交通和航运带来不便，许多港口被迫封港，因此破冰船也是渤海海面上的一道独特风景。

渔业

渤海海底地势平坦，黄河、辽河、海河等 40 多条河流的注入，给渤海带来了含有大量有机质的泥沙。同时，渤海的沿岸河口营养盐含量高，饵料生物繁多，是多种鱼、虾、蟹和贝类等繁殖、栖息、生长的良好场所，其中对虾、毛虾、小黄鱼、带鱼等是重要的经济种类。渤海是黄渤海渔业的摇篮，也是中国北方的"蓝色粮仓"。

渔业之殇

渤海周围工业非常集中，河流所携带的大量污染物随水流一起流入海中，再加上填海过度和渔民的过度性捕捞，使得现在渤海渔业早已风光不再。2012 年报告显示，目前具有重要经济价值的渔业资源已经从 70 多种衰减到了 10 种左右。

石油和天然气

对于半封闭性的海域而言，湿温的气候是利于有机质的生成与富集的，这使得生物更适于在渤海及其周围海域大量繁殖。此外，海上的渤海油田与滨海的胜利油田、大港油田、辽河油田等连成一片，成为中国重要的原油生产基地。

第三章
神圣的蓝色国土

溢油污染

渤海沿岸石油污染严重，溢油事件时有发生。石油进入海水后，油膜覆盖于水面，造成海水缺氧，导致海洋生物大量死亡。值得注意的是，成年鱼类、贝类生活在被污染的海水中会蓄积有害物质，被人食用后会危害人类健康。

出污油而不染！

康菲石油公司

海盐

渤海是中国最大的盐生产基地，底质和气候条件非常适宜盐业生产。中国四大海盐产区中，渤海就占有长芦、辽东湾、莱州湾三个。其中莱洲湾沿岸的地下卤水储量丰富，是罕见的储量大、埋藏浅、浓度高的"液体盐场"。

拓展　渤海上的天下一绝——笔架山

笔架山位于辽宁省锦州市，是一座连陆小岛。笔架山中有三峰，二低一高，形状犹如笔架，是闻名遐迩的旅游胜地。从海岸到笔架山岛有一条长 1620 米的砂石路，被称为"天桥"。"天桥"把海岸和山岛连在一起，像一条蛟龙一样，随着潮涨潮落时隐时现，且只有潮落时方可通过，堪称"天下一绝"。

旅游

渤海沿岸自然风景优美，名胜古迹众多。这里有美丽的海岛长山岛、万鸟岛、砣矶岛、金沙岛，还有迷人的海滨景区蓬莱阁、北戴河、仙人岛，更有繁荣的港口城市锦州、葫芦岛、秦皇岛、天津等。

渤海赤潮

渤海湾是一个半封闭的浅海内海，自净能力差，沿岸的各种工业废水、生活污水、农药等排放进入渤海，海域环境污染严重，致使赤潮现象频繁发生。赤潮会使大量海洋生物死亡，破坏渔业和水产资源，对人类健康产生危害。

黄海

　　黄海是太平洋西部的边缘海，位于中国与朝鲜半岛之间，是处于大陆架上的浅海。黄海东邻朝鲜半岛，北面和西面濒临中国大陆。中国内地的主要河流，如淮河、碧流河、鸭绿江及朝鲜半岛的汉江、大同江、清川江等都注入黄海。

地理概况

　　中国的山东半岛深入到黄海中，将黄海分为南、北两部分。黄海南部有黄海和东海的分界线：韩国济州岛西南角与中国长江口北岸启东嘴的连线。在黄海北部，中国威海与大连连线成了黄海与渤海的分界线。黄海的主要海湾有西朝鲜海湾和中国的海州湾，并由济州海峡经渤海海峡与渤海相通。

"中国的好望角"

　　"天尽地无尽，沧海一望惊"描写的便是有"中国好望角"和"天尽头"之称的荣成市的成山头。成山头位于山东半岛最东端，海拔200米，东西宽0.75千米，南北长1千米，是南北黄海的交汇处，也是中国陆海交接处的最东端，所以被称为"中国的好望角"。

拓展　　海雾

　　海雾由海面低层大气中水雾凝结所致，通常呈乳白色，产生时常使海面能见度降低。在中国，一些沿海地区经常遭受海雾的袭击，其中有3个地区受海雾影响比较严重，一个在湛江、海南一带，一个在舟山群岛一带，还有一个在黄海的中南部地区，这些地方雾的生成天数最多，而且雾也比较浓密。其中，平流海雾是黄海海雾的一种主要类型。

威海市

位于山东半岛最东端的威海市是中国黄海经济区的重要窗口城市。它三面环海，一面连陆，东与朝鲜半岛、日本列岛隔海相望，北与辽东半岛成掎角之势，素有"京津的钥匙与门户"之称。

气候

黄海受到季风影响，冬季寒冷干燥，夏季温暖湿润。黄海的水温年变化小于渤海，海水盐度也比较低。黄海常受来自东海北上的台风侵袭，黄海海区6级（10.8~13.8米/秒）以上的大风，四季都会出现，但以冬季强度大，春季次数多。黄海冬、春季和夏初，沿岸多海雾，其中成山头最长连续雾日有长达27天的记录，有"雾窟"之称。

拓展　　黄海是"黄色的海"吗

黄海海岸大部分是泥质海岸，近海海域的海底是黄河泥沙冲击的结果，加之长江、淮河等河流带来的大量的泥沙，使得黄海成为世界上各边缘海中接受泥沙最多的海。波浪翻滚的海水不断地把海底泥沙搅起，使得海面一直呈现浑黄色或浅黄色。

渔业资源

    黄海的渔场闻名遐迩，有烟威、石岛、海州湾、连青石、吕泗和大沙等良好的渔场。黄海的主要经济鱼类有小黄鱼、带鱼、鲅鱼、太平洋鲱鱼、鲳鱼、鳕鱼等。主要的浮游生物资源是中国毛虾、太平洋磷虾和海蜇等。经济贝类资源主要有牡蛎、贻贝、蚶、蛤、扇贝和鲍鱼等。中国对虾、鹰爪虾、褐虾、三疣梭子蟹和刺参的产量也较大。还有金乌贼、枪乌贼和长须鲸、虎鲸等海洋动物资源。植物资源主要是海带、紫菜和石花菜等。

矿产资源

    黄海南部盆地有巨厚的中、新生代沉积，具有良好的油气资源前景。黄海有丰富的矿产资源，如滨海砂矿，现已进行开采。山东半岛近岸区还发现有丰富的金刚石矿床。

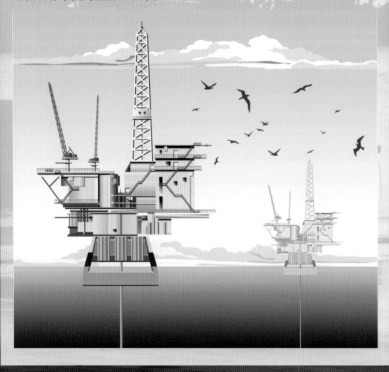

中国有四大著名渔场,分别为黄渤海渔场、舟山渔场、南海沿岸渔场、北部湾渔场,其中,舟山渔场是中国最大的近海渔场。黄渤海渔场形成条件主要是位于大陆架水域,水浅,光合作用强,浮游生物大量繁殖,易于形成大型渔场。

盐业资源

黄海盐业资源丰富,黄海沿岸海水年蒸发量大,并有明显的干季。黄海沿岸地势平坦,面积宽广,适宜晒盐。

东海

东海是中国三大边缘海之一，是一个开阔的浅海，面积为 77 万平方千米左右，平均深度为 340 米左右。东海西接中国大陆，北与黄海相连，南经台湾海峡与南海相通。东海位于中国大陆、台湾岛、琉球群岛和九州岛之间，东北面以济州岛、五岛列岛、长崎连线为界，并经对马海峡与日本海相通。东海是中国岛屿最多的海域。

概况

东海的海湾以杭州湾最大，流入东海的河流有长江、钱塘江、闽江以及浊水溪等。由于注入的河水量较大，使得东海的盐度较低，加之东海地处亚热带和暖温带，水质优良，利于鱼虾生存，因此东海是中国最主要的渔场，盛产大黄鱼、小黄鱼、刀鱼、墨鱼等。

气候

东海是中国近海营养盐比较丰富的水域，年平均水温为 20℃~24℃，年温差为 7℃~9℃，冬季南部水温可达 20℃以上，属于亚热带和温带气候。

东海海域争议

东海是中、日、韩三国围成的半封闭海域，由于《联合国海洋法公约》中对大陆架与专属经济区权利的规定，使中、日两国各自所主张的专属经济区和大陆架权利在东海海域东西部发生大面积重叠（东海北部海域中、日、韩三国存在权利主张重叠）。对争议方而言，各国划分大陆架、专属经济区划法不同，导致中、日等国在界定各自东海权利问题上的争端异常复杂。

东海海域的环境污染

从东海近岸海域的牡蛎、紫贻贝等贝类体内污染物的残留量检测结果显示，贝类体内的铅、石油、镉、砷、DDT等残留量均超标，东海海洋环境污染形势严峻。调查发现，造成东海污染的原因主要有以下几种：入海排污口的污水超标排放，内含活性磷酸盐、悬浮物等污染物；汇入东海的河流受到污染，这也是海洋污染的主要来源之一；另外，海洋附近部分电厂的温水排放对邻近海域的生态环境也产生了一定影响。

自然资源

东海具有广阔的大陆架，海底平坦，水质优良，又有多种水团交汇，为各种鱼类提供良好的繁殖、索饵和越冬条件，是中国最主要的渔场。此外，东海矿产资源量大质优，盛产石油、天然气等。

拓展 中国四大海哪个岛屿最多

中国岛屿数量最多的海是东海，约占全国海岛总数的2/3（约4000多个），仅浙江沿海就有3000多个，而且分布比较集中。东海大岛、群岛也较多，并沿近海分布，如台湾岛、崇明岛和舟山群岛、澎湖列岛等岛群。岛屿最少的是渤海。

油气资源

东海有惊人的石油天然气储备。自1980年在东海首次钻探成功的"龙井一号"以来，中国已在西湖凹陷钻井30口，其中20口获高产工业油气流。

南海

　　南海位于中国南部，是中国最大、最深的海。其南部是中国的南沙群岛，中部有中国的中沙群岛和西沙群岛，北部是中国的海南岛，东沙群岛位于南海东北部。从东海往南穿过狭长的台湾海峡，就进入汹涌澎湃的南海了。由于南海岛屿众多，水深变化大，有的海域还有暗礁，这些使得南海成为海上航行的危险之地。

概况

　　南海是亚洲三大边缘海之一，是一个面积为 358.91 万平方千米的深海盆。南海四周较浅，中间深陷。西部有北部湾和泰国湾两个大型的海湾。汇入南海的主要河流有珠江、韩江以及中南半岛上的红河、湄公河和湄南河等。由于汇入南海的河含沙量很小，所以海阔水深的南海总是呈现碧绿色或深蓝色。

地形地貌

　　南海海底地形复杂，主要以大陆架、大陆坡和中央海盆 3 个部分呈环状分布。中央海盆位于南海中部偏东，大体呈扁的菱形，海底地势东北高，西南低。大陆架沿大陆边缘和岛弧分别以不同的坡度倾向海盆中，其中北部和南部面积最广。

地理位置

　　南海位于中国大陆的南方。南海北边是中国广东、海南、广西、福建和台湾五省，东南边至菲律宾群岛，西南边至越南和马来半岛，最南边的曾母暗沙靠近加里曼丹岛。

拓展　海南南山寺海上观音

　　海南岛的南山寺有尊著名的海上观音，她比自由女神还要高 15 米，是世界上最大的石像。观音圣像一面是手拿莲花，另一面是手拿经箧，还有一面是手拿佛珠，为一体化三尊造型，从每尊的正面看均是一尊观音圣像。海上观音宝相庄严，脚踏一百零八瓣莲花宝座，莲花座下为金刚台，金刚台内是面积达 15000 平方米的圆通宝殿，由长 280 米的普济桥与陆岸相连。

资源物产

南海的鱼类有 1500 多种，除了为人类提供蛋白质外，也成为医药、化工及制作特殊工艺品的重要原料。南海也是海龟、海参、海贝的"故乡"，它们具有极高的经济价值。南海海底的石油与天然气含量丰富。

气候

南海和南海诸岛全部在北回归线以南，接近赤道，是中国海区中气候最暖和的热带深海。南海海水表层水温高，年温差小，终年高温，大量水汽受到各种条件的作用形成丰沛的降水。在夏秋两季还经常受到台风的影响，台风对海水航运、海上生产和海岛建设会造成一定的损害。

交通运输

南海海上运输任务十分艰巨，不仅有各岛屿所需的生产生活物资，也有大量需要及时运往各地的水产品。当地政府采取有力措施发展海上运输，除了货轮运输，大小渔船担负零散物资的运输任务外，还修建港口码头和大型机场用于生产和经济发展。

世界第三大陆缘海

南海是中国最深、最大的海，也是仅次于珊瑚海和阿拉伯海的世界第三大陆缘海。南海位于太平洋和印度洋之间的航运要冲地带，在经济、国防上都具有重要的意义。

拓展 **中国南海问题**

近几年，中国南海问题已成为国际海域争端问题。争执焦点就是中国南海海域最南端的南沙群岛。南沙群岛丰富的自然资源已成为南海权益争端的主要诱因。与中国发生争端的主要国家是东南亚的菲律宾、马来西亚和越南等国家。日本、印度和美国等国家也插手南海争端。

拓展 **中国渤海、黄海、东海和南海的分界线**

渤海和黄海的分界线是位于辽东半岛南端老铁山与山东半岛北岸的蓬莱角的连线，即辽东半岛与山东半岛顶端连线。黄海与东海的分界线是以长江口北岸与朝鲜半岛的西南侧济州岛连线为界。广东南澳岛与台湾岛南端的鹅銮鼻连线是东海与南海的分界线。

南海"四群岛"——东沙群岛

　　南海"四群岛"包括东沙群岛、西沙群岛、中沙群岛和南沙群岛。东沙群岛是南海诸岛中位置最北的一组群岛，由东沙岛、东沙礁和南、北卫滩等组成。其中，东沙岛是唯一露出水面的岛屿，面积1.8平方千米。东沙岛的礁盘呈新月形，潮汕渔民又称其"月牙岛"，海拔仅6米，由珊瑚为主的生物碎屑堆积而成。东沙礁为环礁，两侧有两缺口，形成南北水道，南水道深广，北水道浅窄。东沙群岛是南海诸岛中离大陆最近、岛礁最少的一组群岛，它是国际航海重要的交通枢纽。

地理位置

　　东沙群岛位居中国广东、海南岛、台湾岛及菲律宾吕宋岛的中间位置，地处南海北部大陆坡上段，为南海诸岛的最北境。北距广东省汕头市310多千米；东北距台湾省高雄市约400千米，与台湾海峡相接；东面靠近巴士海峡；西南紧邻中沙群岛，与永兴岛相距660多千米。地理位置重要，是南海与祖国大陆相联系的重要门户。

历史文化

　　早在秦朝时期，秦国就将东沙群岛纳入秦国版图，但因岛屿太小，而未予开发。自明朝起就有中国人开发和经营东沙群岛，到清朝雍正十一年（公元1730年）时，东沙群岛已被正式纳入中国版图，属广东省惠州府陆丰县管辖。岛上有清代渔民建造的渔村和庙宇，如大王庙。

自然气候

　　东沙群岛地处热带北部，具有热带季风气候。冬季时仍受东北季风的影响，年平均气温25.3℃，12月份最低气温平均22.2℃；最高气温为6月，平均气温为29.5℃。5~6月为梅雨期，7~8月有台风。东沙群岛全年湿热多风。

旅游景区

东沙群岛中主要观光景点是东沙大王庙、东沙图书馆、长青亭、国军东沙公墓等。其中东沙大王庙是祭祀关公和"南海女神"妈祖的庙宇。

生态资源

东沙海域具有丰富的海洋生物资源，根据调查：珊瑚礁鱼类超过 500 种；鸟类有 140 余种，多属候鸟。岛上植被丰富，地下水充裕。这些资源不仅在海洋科学教育上具有重大意义，在环礁地形与海洋生态上也意义重大。

拓展 南海岛礁面临危险

在南海的四大群岛中，有些珊瑚岛礁的面积正在减少，有些岛礁甚至已经消失，渔民的破坏性捕捞作业方式是珊瑚岛礁的主要威胁。一个健康的珊瑚礁可以给海洋生物提供一个庇护所，很多海洋鱼类和无脊椎动物都会在珊瑚礁附近生活，并维持其健康的食物链。如果珊瑚礁消失，也会带来某些鱼类和无脊椎动物的灭绝。据了解，中国科学院南海海洋研究所的科学家多年前已经展开对珊瑚礁修复的研究。目前生态修复工作主要针对造礁石珊瑚本身，包括有性繁殖和无性繁殖两种。

价值地位

东沙群岛是中国南海诸岛中位置最北的一组群岛，海洋资源丰富，生物多样性高，周围海底也有丰富的海洋文史资源，这些都具有很大的开发价值，在中国经济、战略上占有重要地位。

南海"四群岛"——南沙群岛

南沙群岛是中国南海最南的一组群岛，也是岛屿滩礁最多、散布范围最广的一组群岛，古称"万里石塘"。共有230多个岛、沙洲、暗礁、暗沙和暗滩，陆地面积约2平方千米，海域面积约为88.6万平方千米。其中，太平岛是南沙群岛最大的岛屿。南沙群岛的曾母暗沙是中国传统海疆的最南端。

地理位置

南沙群岛位于中国南疆九段线内的最南端。北起雄南滩，南至曾母暗沙，东至海里马滩，西到万安滩，南北长500多海里，东西宽400多海里，约占中国南海传统海域面积的2/5。

自然气候

南沙群岛属海洋性热带雨林气候，气候反差大，高温、高湿、高盐。南沙海域常年受东北季风和西南季风的影响，雨量充沛，年降水量2800毫米以上。

价值地位

南沙群岛处于越南金兰湾和菲律宾苏比克湾两大海军基地之间，扼太平洋至印度洋海上交通咽喉，为东亚通往南亚、中东、非洲、欧洲必经的国际重要航道，也是中国对外开放的重要通道和南疆安全的重要屏障。其独特的地理位置决定了南沙群岛重大的战略价值。

拓展 **守卫太平岛的中国人**

1939年4月，日本攻占了太平岛，并且把这个岛改名为长岛。1946年10月，法国登陆南威岛和太平岛，并在岛上建立了石碑。当时中国政府对此提出了抗议，并且与法国方面进行谈判，后来因为越南战事紧张，法国自动放弃了谈判。现在，太平岛已经成为中国台湾渔民的一个渔业补给基地，设立有南沙医院、气象观测站和卫星通信、雷达监视等设备。

永暑礁

永暑礁呈长椭圆形，是南沙群岛的一座珊瑚环礁，隶属于海南省三沙市，地处太平岛至南威岛的中途。2013年以来经过填海造陆后，至2015年面积达到大约2.8平方千米，地理位置优越，战略价值极高，对中国掌控南海作用极大。

三沙市

三沙市于2012年7月24日正式挂牌成立，隶属海南省，为地级市，管辖西沙群岛、中沙群岛、南沙群岛的岛礁及其海域，市政府驻西沙永兴岛。三沙市北靠三亚市，东临菲律宾，南接印度尼西亚、文莱等国，西邻越南，由280多个岛、沙洲、暗礁、暗沙和暗礁滩及其海域组成，陆地面积约10平方千米，海域面积约200万平方千米。

生态资源

南沙群岛拥有丰富的物产资源和矿产资源。岛上灌木繁茂，海鸟群集，盛产鸟粪，两栖生物丰富，水产种类繁多，是中国海洋渔业最大的热带渔场。此外，海域还蕴藏有石油和天然气、铁、铜、锰、磷等多种矿产资源。其中油气资源尤为丰富，地质储量约为350亿吨，有"第二个波斯湾"之称。

南海"四群岛"——西沙群岛

西沙群岛是中国南海四大群岛之一，古称"千里长沙"或"七洲岛"，又名"宝石岛"，是三沙市位置最北的群岛，现属海南省。西沙群岛分布在50多万平方千米的海域上，由40余个岛、洲、礁、沙、滩组成。在南海四大群岛中，西沙群岛露出海面的陆地最多，陆地总面积约10平方千米，海岸线长518千米。除了海面上的岛屿，西沙群岛还有很多暗礁和暗滩。在这些岛礁中，面积最大的是永兴岛，岛上环境优美，交通便捷，是名副其实的海岛新都市。

历史文化

西沙群岛自古就是中国的领土。从唐朝起，中国政府就开始正式管理海南岛以南海域。古代这里被称为"千里长沙"，是南海航线的必经之路。早在隋代，中国就已经派使节经南海到过今天的马来西亚，唐代高僧义净也由此到达印度。古代那些满载着陶瓷、丝绸、香料的商船在此驶过，这里又是"海上丝绸之路"的必经之地。

地理位置

西沙群岛位于南海西北部，距海南岛东南方180多海里，以永兴岛为中心，东面为宣德群岛，西面为永乐群岛。

价值地位

西沙群岛是中国南海的屏障，也是海上交通要道，还是中国通往新加坡、雅加达方向的海、空航线的必经之地，其航海与航空价值巨大，在国防上也占有重要地位。

自然气候

　　西沙群岛地处热带中部，属热带季风气候，炎热湿润，但无酷暑。西沙群岛是最易受台风侵袭的地区，每年影响西沙群岛的台风有 7~8 次，台风雨约占年雨量的 65%。

拓展　　　**最美夫妻哨**

　　2015 年 1 月 15 日，曹烈珠登上了"感动海南"2014 年度人物颁奖典礼的舞台。她和丈夫吴忠灿多年坚守在三沙市赵述岛，守护着岛礁上那面高高飘扬的五星红旗。他们是茫茫南海上最美、最感人的民兵夫妻哨。每周的开始，吴忠灿和曹烈珠两人都要列好队，嘴里唱着国歌将国旗升起。钢管做的旗杆，插进 2 米深的地下，再灌上水泥夯实，从此就与赵述岛融为一体。2013 年超强台风袭岛，吴忠灿的房子被刮倒了，但旗杆依然竖立。夫妻俩说："国旗插在岛上，就是我们主权的象征。"在广袤的南海，渔民用每一天的生产生活，默默地宣示着中国在南海的主权，彰显着深厚的家国情怀。

旅游景区

　　西沙群岛位于南海中部，由东北部的宣德群岛和西南部的永乐群岛组成。西沙群岛海域海水清澈、洁净透明，最深能见度达到 40 米，在光影的映衬下，海水五光十色，变幻莫测，犹如仙境。

西沙群岛是中国固有领土

1992 年 2 月 25 日，中国政府根据《中华人民共和国领海及毗连区法》，宣布中华人民共和国大陆领海的部分基线和西沙群岛的领海基线。此领海基线内的水域属于中华人民共和国内水。内水是国家领水的组成部分，具有与国家陆地领土相同的地位。西沙群岛自古以来就是中国神圣不可侵犯的领土，我们应坚决捍卫中国领土完整。

生态资源

西沙群岛是中国著名渔场之一，海域宽阔，岛礁星罗棋布，海产十分丰富，珍贵品种较多，每年吸引大批各地渔民来岛捕捞作业。

永兴岛的建设

永兴岛已建成机场、港口、行政办公大楼、医院、西沙宾馆、图书馆、银行、粮站等公共建筑设施。岛上公路设施比较完善，已建成北京路、海南路、宣德路、永兴路、永乐路5条主要道路。岛上供电网络也初步形成，有柴油发电和太阳能发电。三沙市人民医院建成并投入使用。岛上设有邮电局，开展邮政和固定电话业务。中国移动、中国电信和中国联通的手机信号已覆盖永兴岛、琛航岛等岛屿及其附近海域，并已建成永兴岛调频广播发射台，确保了西沙广播电视信号的通畅。三沙卫视已开播，取得很大反响。此外，三沙建市后新建的第一艘大型交通补给船"三沙1号"于2015年1月5日开赴三沙市永兴岛，执行了首次补给任务。

永兴岛——南海群岛最大的岛屿

永兴岛是南海诸岛中面积最大的岛屿，也是海南省三沙市人民政府办公驻地，面积为2.1平方千米，距三亚榆林港约337千米，距文昌清澜港约344千米。地势平坦，岛上热带植物茂盛，林木遍布，是典型的热带风光。永兴岛经过近30年的建设，已经成为一艘不沉的"航空母舰"。永兴岛是整个南海的政治、军事、文化中心。

拓展 ### 西沙群岛——鸟的天堂

西沙群岛凭借自身优越的自然条件，形成了西沙群岛奇特的景观。走进西沙群岛就如同走进了一座热带植物园，那里热带植物丛生，四季繁茂，利于鸟的生存。西沙群岛上栖息着40多种鸟类，被称为"鸟的天堂"。

海岛植物资源

西沙群岛上的植物以食用和药用的居多。其中，药用植物有槟榔、曼陀罗、土高丽参等。三沙市的植物也分岛屿陆生植物和海洋植物。海洋植物主要是浮游藻类、底栖及潮间带海藻，它们是海洋动物重要的食物来源；由于三沙市岛屿成陆时间不长，岛屿野生植物种类并不多，很多植物都是人们从陆地迁移过去的。有的岛甚至没有野生植物，都是人工种植的。

南海"四群岛"——中沙群岛

中沙群岛大部分海区位于热带地区，长约 140 千米（不包括黄岩岛），宽约 60 千米，由东北向西南延伸，略呈椭圆形。中沙群岛由南海海盆西侧的中沙大环礁、北侧的神狐暗沙、东侧黄岩岛等一些暗沙组成。其中中沙大环礁是南海诸岛中最大的环礁，黄岩岛是中沙群岛中唯一露出水面的环礁，为海盆中的海山上覆珊瑚礁而成。

地理位置

中沙群岛是中国南海四大群岛中位置居中的群岛。北距广州约 480 海里，西北距榆林港 310 海里。它的主要部分由隐没在水中的暗沙、滩、礁、岛组成。

拓展 —— 南海天书

更路簿是海南渔民祖祖辈辈传抄的小册子，被誉为"南海天书"，是千百年来海南渔民自编自用的航海"秘本"。它详细记录西南中沙群岛的岛礁名称、准确位置和航行针位（航向）、更数（距离）和岛礁特征。更路簿的功能之一就是表时间，"更"跟古代报时使用更鼓有关，"路"是指道路或途径。海路是看不见、摸不着的，只能以地名间的间距以标示"路"。因此，更路簿中的"路"，是一种虚拟形态，它只有和"更"、罗盘结合起来才能体现。

自然气候

中沙群岛多为隐没在水中的暗沙群，但距海面较近，面积广大，因而对海面状况影响巨大，尤其是天气恶劣时，海水显得高而乱。暗沙所在的海区，海水呈微绿色，而深海则呈碧蓝色。中沙群岛也是中国南海台风的发源地。

生态资源

中沙群岛含有丰富的自然资源，其附近海域营养盐分丰富，是南海重要渔场。中沙群岛素以出产海参、龙虾、砗磲等珍贵海产品而著名，且产量极高。珊瑚礁的生物量也较高，形成了五光十色的"海底花园"。海洋藻类有上千种，被誉为"海中森林""海底草原"。

地貌特征

中沙群岛大部分海区位于热带中部，是中国南海台风的发源地。它的岛礁很少有露出海面的，大都是隐没在水下的暗沙、暗礁、暗滩丛，且浅水处的面积巨大。中沙群岛是由20多座暗沙和暗滩组成，位置也处于南海海盆的中心部分，它所含的暗沙和暗礁已定名的有26个。

价值地位

中沙群岛地处南海诸岛中间，在战略上处于重要地位。此外，中沙群岛含有各种造礁珊瑚的地质产物，珊瑚礁及周围生长着各种海洋生物，形成了丰富多彩的珊瑚礁生物群落，且鱼虾资源丰富，具有重要的开发价值。所以中沙群岛在政治、经济等方面都处于重要地位。

拓展　黄岩岛之争

2012年4月10日，12艘中国渔船在中国黄岩岛潟湖内正常作业时，被一艘菲律宾军舰干扰，菲律宾军舰一度企图抓扣被其堵在潟湖内的中国渔民，幸运的是被赶来的中国两艘海监船阻止。随后，中国渔政310船赶往事发地黄岩岛海域维权，菲律宾也派多艘舰船增援，双方持续对峙多天。中国为表达善意，将两艘渔政船于22日下午撤离黄岩岛附近海域，并表示愿通过友好外交磋商解决黄岩岛事件。

历史文化

中华人民共和国渔民祖祖辈辈在中沙海域从事渔业活动。中沙群岛的主权向来属于中华人民共和国。1984年中沙群岛岛礁及其海域划归广东省海南行政区管辖；1988年海南省成立后，中沙群岛划归海南省。2012年成立三沙市，中沙群岛由三沙市管辖。

隔海相望的国家

中国的陆上海岸线漫长，约1.8万千米，同中国隔海相望的国家有6个。东面同中国隔海相望的国家为韩国、日本，东南面是菲律宾，南面隔海相望的国家是马来西亚、文莱和印度尼西亚。

韩国

韩国位于亚洲东部，朝鲜半岛的南半部，东临日本海，西与中国山东省隔海相望。韩国夏季气候温和湿润，冬季寒冷干燥。首都首尔是人口约占全国总人口1/4以上的现代化城市，中心区中现代化的高楼大厦是数不胜数，尤其是汉江两岸的高级公寓更是星罗棋布。

日本

日本位于亚欧大陆东端，是一个四面临海的岛国。东部和南部为一望无际的太平洋，西临日本海、东海，隔海与中国相望。它拥有北海道、本州、四国、九州4个大岛和几千个小岛屿，领海面积达到31万平方千米。日本全国横跨纬度达25°，南北气温差异十分显著。北海道与本州的高原地带属亚寒带，本土地区属温带，而冲绳等南方诸岛则为亚热带。此外，日本所处位置令它受到季风气候及洋流交汇的影响，四季分明，降水充沛。

菲律宾

菲律宾位于亚洲东南部，北隔巴士海峡与中国台湾省遥遥相对，西濒中国南海，是一个群岛国家。其中吕宋岛、棉兰老岛、萨马岛等11个主要岛屿占全国总面积的96%。这里气候多样，其北部属海洋性热带季风气候，南部属热带雨林气候，高温多雨，湿度较大。

马来西亚

　　马来西亚是名副其实的热带乐园。它主要由马来西亚半岛（西马）和东面隔海的两个州（东马）组成，属热带雨林气候。与马来西亚海域相邻的国家还有缅甸、柬埔寨、越南、菲律宾及中国。而著名的马六甲海峡就位于马来西亚半岛与苏门答腊岛之间，是太平洋通往印度洋的主要航道。

印度尼西亚

　　印度尼西亚位于亚洲东南部，地跨赤道，是亚洲唯一一个南半球国家，地处环太平洋地震带，是一个多地震的国家。印度尼西亚共有 17508 个岛屿，其中约 6000 个有人居住，火山有 400 多座，而活火山有 77 座。全年都是高温，完全没有四季的分别。

文莱

　　文莱位于亚洲东南部的加里曼丹岛北部，全国面积为 5765 平方千米。北濒南中国海，海岸线长约 161 千米，共有 33 个岛屿。文莱奉行同各国友好的外交政策，重视发展同东南亚国家、伊斯兰教和英联邦国家，以及日本和美国的关系，强调东盟是其外交政策的基石。

中国四大岛屿

　　岛屿是海洋中的陆地。岛屿常常被人们誉为"海上明珠"，它是壮大经济、拓展空间的依托，是保护海洋环境的平台，也是保障国防安全的前沿。中国是一个拥有众多岛屿的国家，星罗棋布的海岛像珍珠般散落在祖国的海疆。中国的岛屿总面积约8万平方千米，占中国陆地国土面积的0.8%，岛屿岸线总长度达1.4万多千米。中国每个海域都有数量众多的海岛，其中90%的海岛分布在东海和南海，渤海的海岛数量最少。按岛屿的面积排名，中国的前四大岛屿分别为：台湾岛、海南岛、崇明岛、舟山岛。

拓展　　**垦丁牧场**

　　垦丁牧场是台湾最大的牧场。由于受强劲海风的影响，这里农作物不易成活，只适合牧草的生长，这样就为牛、羊提供了丰富的草料。想不到在海岛台湾，还能见到"风吹草低见牛羊"的美景。

拓展　　**美丽的三亚蜈支洲岛**

　　蜈支洲岛是海南岛的附属岛屿，坐落在三亚市北部的海棠湾内。蜈支洲岛是海南岛周围为数不多的有淡水资源和丰富植被的小岛，植物有2000多种，种类繁多。此外，岛上还生长着龙血树等许多珍贵树种。蜈支洲岛上还有妈祖庙、情人桥、观日岩等美丽的自然景观，碧海浩瀚，椰树临海，美不胜收。

海南岛

　　海南岛位于中国海南省，是中国第二大岛。从高空俯瞰，海南岛就像一只雪梨，横卧在碧波万顷的南海之上。海南岛长夏无冬，青山绿野生机盎然，被誉为"东方的夏威夷"，其著名港口城市三亚，被誉为"海洋旅游的天堂"。

拓展 **迷人的日月潭**

相传古时候，有一对叫大尖和水社的青年夫妇，用金斧头和金剪刀斩杀了潜伏在大水潭里吞掉了太阳和月亮的两条巨龙，让日月重回人间，而他们自己却牺牲了，传说中的大水潭也就化作了这风光迷人的日月潭。秀美的日月潭，面积 7.73 平方千米，深 21 米，是台湾最大的天然湖泊，又称"龙湖""天池"，坐落于南投县鱼池乡的水社村。

台湾岛

台湾岛位于中国东南沿海，北临东海，东临太平洋，南临南海，西隔台湾海峡与福建省相望，是中国第一大岛。台湾岛属于热带和亚热带季风气候，不仅物产丰富，也是中国重要的海上枢纽。主要民族有汉族和高山族。

崇明岛

崇明岛位于长江入海口，三面临江，是中国面积第三大的岛屿，也是中国最大的河口冲积岛和沙岛。长江奔泻东下，流入河口地区时，由于流速变缓等原因，所挟大量泥沙于此逐渐沉积。崇明岛成陆已有 1300 多年历史，现有面积为 1200.68 平方千米。全岛地势平坦，土地肥沃，林木茂盛，物产富饶，是著名的鱼米之乡。

舟山群岛

舟山群岛位于长江口以南、杭州湾以北的浙江省东北部海域，是中国第一大群岛。舟山群岛共有大小岛屿共计1339个，有"千岛群岛"之称。其中面积最大的岛屿是舟山岛，为中国的第四大岛。

拓展　　　　**世界最大的群岛**

世界最大的群岛是位于太平洋与印度洋之间的马来西亚群岛，因该群岛的土著人以马来人为主，故名为"马来群岛"。这里是个"人丁兴旺"的群岛"家族"。由印度尼西亚13000多个岛屿和菲律约7000个岛屿构成，还包括文莱等岛国的岛屿。马来西亚群岛也是海外华侨比较集中的居住地之一，被称为"南洋群岛"。

拓展　　　　**世界最大的沙岛**

费沙岛是全世界最大的沙岛，长约120千米，宽15千米，是一个与众不同的栖息之地。岛上有大型的沙丘、森林、河流和位处高地的淡水湖，可说是大自然的杰作。费沙岛聚居了众多蝙蝠、野狗及超过350种的鸟，于1993年获列为世界文化遗产之一。费沙岛上一项最重要的奇景，是由岛中生长至60米高的大型椴树。椴树再加上棕榈树和考里松等树木，构成费沙岛亚热带雨林的一部分。

中国岛屿争端

　　岛屿争端涉及国家的主权问题，中国决不允许任何人来分割我们的国土。但近几年，周边国家不断就中国领海岛屿发生争议。

拓展 ## 中国最远的领土——曾母暗沙

　　曾母暗沙位于中国领土的最南端，距离中国大陆约2000千米，是南海诸岛中岛礁最多，散布范围最广的一处椭圆形珊瑚礁群。因距离赤道较近，当北国进入千里冰封的季节时，这里仍是盛夏景象。曾母暗沙独特的地理位置决定了它是个战略要地。中国海军编队不定期前往曾母暗沙。2013年5月在曾母暗沙上举行了隆重的升国旗仪式，全体成员在此宣誓要捍卫主权和尊严，建设美丽富饶的三沙。

国际法的岛屿定义惹争端

　　《联合国海洋法公约》第121条第1款表明了岛屿在法律上的定义，即"岛屿是四面环水并在高潮时高于水面的自然形成的陆地区域"。其主要构成条件包括：四面环水、高潮时高于水面、自然形成、陆地区域。而这些都比较抽象和模糊，可有不同理解，这就导致了岛屿界定争端四起。《联合国海洋法公约》的规定，是海岛确定领海基线的重要依据，是划分领海、专属经济区和大陆架的重要基点。因此，岛屿界定逐渐成为海权争夺中敏感而关键的问题。

中国三大半岛

中国的半岛主要分布在沿海地区，受海洋影响比较大，所以半岛的气候一般要优于内陆的气候，四季温差较小。半岛因为其特殊的地理环境，分布有很多良港，成为半岛经济发展的重要依托。辽东半岛、山东半岛和雷州半岛合称为"中国三大半岛"。

辽东半岛

辽东半岛位于辽宁省南部，以倒三角形状伸入渤海和黄海之间，是中国第二大半岛。辽东半岛多优良海港，其著名港口大连风景秀丽，是著名的旅游胜地。半岛上气候温和，是苹果的集中产区和最大的外销基地。辽东半岛的矿产资源、生物资源和旅游资源都十分丰富。出产海带、贻贝、海胆等产品。大豆是辽东半岛的传统农作物，这里还盛产高粱、玉米、水稻、棉花、花生、烤烟等。

拓展　蓬莱阁

蓬莱阁是中国古代十大文化名楼之一，位于山东省蓬莱市城北海边的山崖上，以"人间仙境"著称于世。其"八仙过海"传说和"海市蜃楼"奇观享誉海内外。1982年，蓬莱阁与蓬莱水城共同被国务院公布为全国重点文物保护单位。

山东半岛

山东半岛是中国的第一大半岛，其中半岛近海海域就占渤海和黄海总面积的37%。它位于山东省东部，包括青岛、烟台、威海的全部以及潍坊、日照、东营的大部分地区。山东半岛经济开发较早，自古渔业、盐业、冶铁业和丝麻纺织业就得到了发展。如今这里已成为全国著名的花生、果品、水产品和柞蚕丝生产基地。

雷州半岛

雷州半岛位于中国大陆的最南端，地处广东省西南部，因多雷暴而得名。雷州半岛突出于南海之中，北依岭南丘陵，西濒北部湾，南隔琼州海峡与海南岛相望，是中国第三大半岛。雷州半岛得天独厚的自然环境，造就了旖旎迷人的热带风光。雷州半岛是热带、亚热带经济作物的重要基地之一，盛产甘蔗、橡胶、剑麻、香茅、花生等，海产品主要有鲍鱼、对虾、龙虾、鱿鱼、蚝、珍珠等。

"咽喉"三大海峡

中国海域辽阔，由北至南共分布着3个著名的海峡：渤海海峡、台湾海峡、琼州海峡。它们是中国的海上交通要道、航运枢纽，历来是兵家必争之地，也是中国的海上交通"咽喉"。

渤海海峡

渤海海峡是中国的第二大海峡，是黄海和渤海的分界线，位于山东半岛和辽东半岛之间，是渤海内外海运交通的唯一通道。其南北两端最短距离约106千米，北起辽宁大连老铁山，南至山东烟台蓬莱阁。海峡向东连接黄海，向西连接渤海，是黄海和渤海联系的咽喉要道。

台湾海峡

台湾海峡是中国台湾岛与福建海岸之间的海峡，属东海海区，南通南海，长约370千米。台湾海峡是台湾与福建两省的航运纽带，也是东海及其北部邻海与南海、印度洋之间的国际交通要道，东亚与东南亚之间的海上走廊。它是中国东南沿海的天然屏障，素有"东南锁钥""七省藩篱"之称。

琼州海峡

　　琼州海峡，又称"雷州海峡"或"雷琼海峡"，位于海南岛与雷州半岛之间，是中国三大海峡之一。琼州海峡东西长约80千米，南北平均宽约为29.5千米，最宽处直线距离为33.5千米，最窄处直线距离仅18千米左右。

辽东湾

辽东湾是中国纬度最高的海湾，位于渤海北部，在长兴岛与秦皇岛连线以北，最大水深为32米。辽东湾是中国水温最低、冰情最重的海湾，每年都有固体冰出现，受西北风影响，东岸又较西岸为重。这里春季融冰，成为低温中心。较大港口有营口、秦皇岛和葫芦岛等。

美丽的海湾

海湾就是一个形式多样的水上通道，它与大陆内部相通。中国有许多优良的海湾，如莱州湾、辽东湾、渤海湾等。中国的海湾，以杭州湾为界，在它之北，是以平原性海湾为主，数量少，规模面积却大，开阔壮观，如辽东湾、渤海湾、莱州湾、海州湾等；而在它之南，多为山地丘陵基岩性海湾，数量多，范围则小，狭长而海岸曲折，如三门湾、罗源湾、钦州湾等。

渤海湾

渤海湾是渤海西部的一个浅水海湾，北起河北省乐亭县大清河口，南到山东省黄河口，有蓟运河、海河等河流注入。渤海湾中含有丰富的石油储藏，是中国重要的石油开采地，其北部也是著名的旅游和度假区。

拓展　　风光旖旎的大连港

渤海湾内最大的港口是大连港，大连港是中国东北地区通往中国其他地区和海外的海上大门。大连港是中国五大港口之一，有"北方明珠"之称。大连港在大连湾的南岸，大连湾的北、西、南三面被群山包围，湾口外侧坐落着三山岛，成为海港的天然屏障，使海湾水域风平浪静。大连港独特的地理位置使它具备多种功能，既是大型的经贸港口，也是极佳的旅游胜地。这里冬无严寒，夏无酷暑，四季分明，令人心旷神怡，使大连成为闻名中外的避暑、休假、疗养的风景城市。

泉州湾

泉州湾是晋江、洛阳江汇合入海的半封闭海湾，海岸线 140 余千米。2015 年 5 月 12 日建成通车的泉州湾跨海大桥已和晋江大桥、后渚大桥将泉州湾连成一个完整的"环"。 泉州湾位于东亚文化之都、海上丝绸之路起点泉州市东部，是泉州三湾（泉州湾、湄洲湾、围头湾）中最重要的一个。

拓展　　三亚亚龙湾

亚龙湾位于三亚市东南 28 千米处，是海南最南端的一个半月形海湾，全长约 7.5 千米，是海南名景之一。这里沙滩绵延 7 千米，且平缓宽阔，沙粒洁白细软，海水澄澈晶莹，海中能见度 7~9 米，适合潜水。亚龙湾海底资源丰富，有珊瑚礁、热带鱼、各种名贵贝类等。

拓展　　泉州湾跨海大桥

泉州湾跨海大桥全长 26.7 千米，桥的长度是全国第六，福建第一，福建省的跨海交通设施工程，已于 2015 年 5 月 12 日建成通车。大桥贯通后，泉州湾南北两岸连通，环城高速公路闭合成环，将直接推动泉州湾经济圈的建设，对促进泉州海湾型城市的形成具有十分重要的战略意义。

大亚湾

大亚湾位于广东省东部红海湾与大鹏湾之间，是中国南海重要海湾。大亚湾北靠海岸山脉，东、西两侧受平海半岛与大鹏半岛掩护，总面积 650 平方千米，黄金海岸线达 52 千米。海岸轮廓曲折多变，主要港湾有烟囱湾、范和港、澳头港、小桂湾等。湾中岛屿众多，有港口列岛、中央列岛和辣甲列岛等。

莱州湾

　　莱州湾位于渤海南部，山东半岛北部，是渤海三大海湾之一。它西起黄河口，东至龙口的屺姆角，是山东省重要渔盐生产基地。湾岸属淤泥质平原海岸，岸线顺直，多沙土浅滩。龙口港、羊角沟港为山东省重要港口。

拓展	胶州湾跨海大桥

　　胶州湾跨海大桥，又名青岛海湾大桥，是中国山东省青岛市跨越胶州湾、衔接青兰高速公路的一座公路跨海大桥。大桥全长 36 千米，于 2011 年 6 月 30 日全线通车，2011 年上榜吉尼斯世界纪录和美国"福布斯"杂志，荣膺"全球最棒桥梁"荣誉称号。

胶州湾

　　胶州湾位于中国山东省山东半岛南部，又称胶澳，有南胶河注入。胶州湾口窄内宽，面积为 446 平方千米，为伸入内陆的半封闭性海湾，冬季一般不结冰。湾口北部著名的青岛港，是黄海沿岸的水运枢纽，也是山东省及中原部分地区重要的海上通道之一。

杭州湾

杭州湾位于中国浙江省东北部，西起澉浦—西三闸断面，东至扬子角—镇海角连线，是一个喇叭形海湾，有钱塘江注入。杭州湾以海宁潮（钱塘江潮）著称，是中国沿海潮差最大的海湾。

拓展 **杭州湾跨海大桥**

杭州湾跨海大桥从 2003 年开工，于 2008 年 5 月 1 日正式通车，总花费 140 亿元人民币。它是一座横跨中国杭州湾海域的跨海大桥，北起浙江嘉兴海盐郑家埭，南至宁波慈溪水路湾，全长 36 千米。杭州湾跨海大桥的建设，对于整个地区的经济、社会发展都具有深远的、重大的战略意义。

拓展 **秦山核电站**

秦山核电站坐落于浙江省嘉兴市海盐县秦山镇双龙岗，面临杭州湾，背靠秦山。这里风景似画、水源充沛、交通便利，又靠近华东电网枢纽，是建设核电站的理想之地。秦山核电站 1991 年建成投入运行，是中国大陆第一座自己研究、设计和建造的核电站，它的建成结束了中国大陆无核电的历史，实现了零的突破，标志着"中国核电从此起步"。

北部湾

北部湾是位于中国雷州半岛、海南岛和广西壮族自治区及越南之间的海湾，是中国大西南地区出海口最近的通路。它有南流江、红河等注入，沿岸河流不多，带入海湾中的泥沙较少，海水清澈。

第四章　坚定维护国家海洋权益

中国正以惊人的速度快速发展着，当我们惊叹于国家不断地走向富强时，也要更加注重对于海洋国土权益的保护和海洋管理制度的加强。作为新一代的我们，更应提高对于海洋法的认识，更好地捍卫国家的蓝色国土。

联合国海洋法公约

《联合国海洋法公约》是一部规范各国海域、海权的规章制度的国际性海洋法，规定了各沿海主权国家 12 海里领海宽度和 200 海里专属经济区制度，明确了沿海国对大陆架的自然资源的主权权利，对全球各处的领海主权争端、海上天然资源管理、污染处理等具有重要的指导和裁决作用。

《联合国海洋法公约》制定的背景

1609 年，荷兰法学家雨果·格劳秀斯发表《海上自由论》第一次提到海洋不能成为任何国家的财产，并对葡萄牙禁止荷兰在东印度群岛（今印度尼西亚群岛）进行通航、贸易的做法表示反对。葡萄牙、西班牙及英国等纷纷表示反对，更是著书表达自己的观点，如英国威廉·韦尔伍德发表《海洋主权论》宣扬海洋控制论。18 世纪，英国获得海上霸权，发现公海自由更有利于英国发展，便开始倾向将海洋划分为领海和公海。从此，公海、领海的划分成为大家争论的问题。

《联合国海洋法公约》的诞生

从 20 世纪 60 年代以来，世界上沿海国家相互之间对海域的管理、对大陆架的开发、对海中岛屿的主权要求等越来越多，争端越来越大。在这样的历史背景下，《联合国海洋法公约》于 1982 年 12 月 10 日在牙买加的蒙特哥湾召开的第三次联合国海洋法会议上通过，1994 年生效，目前已获 150 多个国家批准。公约将世界海洋分为内海、领海、毗连区、专属经济区、大陆架、公海、国际海底 7 个不同的区域，沿海国除拥有作为其领土一部分的内水和领海外，还可以拥有毗连区、专属经济区、大陆架等其他新的管辖海域。世界上大多数沿海国家加入了该条约，据此扩大了管辖海域范围。全世界海洋中约有 1.29 亿平方千米的海域被划分为沿海国的专属经济区，占世界海洋总面积的 35.8%。

《联合国海洋法公约》的内容

《联合国海洋法公约》共分为 17 个部分，9 个附件，共计 446 条。主要内容如下所列：用语和范围；领海和毗连区；用于国际航行的海峡；群岛国；专属经济区；大陆架；公海；岛屿制度；闭海或半闭海；内陆国出入海洋的权利和过境自由；"区域"；海洋环境的保护和保全；海洋科学研究；海洋技术的发展和转让；争端的解决；一般规定；最后条款；高度洄游鱼类；大陆架界限委员会；探矿、勘探和开发的基本条件；企业部章程；调解；国际海洋法法庭规约；仲裁；特别仲裁；国际组织的参加。

拓展　中国政府对海洋法公约形成的积极作用

《联合国海洋法公约》对于维护海洋权益有重要的作用，中国对于此公约的制定也起到了重要的促进作用。1971 年 10 月，中华人民共和国恢复联合国的合法席位后，随后加入到了联合国海底委员会，积极参与《联合国海洋法公约》的起草和审议工作。在海洋法会议上，中国政府提出了关于领海、毗连区、大陆架、专属经济区的观点和主张，不但把握了国际海洋法的发展趋势、推动了它的出台，而且从某种程度上来讲，也是对中国海洋法实践的总结说明。中国政府的举措代表着广大发展中国家对海洋权益扩大的诉求，同时也积极影响着《联合国海洋法公约》的最终形成。中国代表自始至终都积极参加了会议讨论，并阐述中国政府的立场和主张。

《联合国海洋法公约》的执行

《联合国海洋法公约》于 1982 年 12 月 10 日开始在牙买加签字，中国是第一批签字的国家之一。按照《联合国海洋法公约》规定，公约应在 60 份批准书或加入书交存一年之后生效。从太平洋岛国斐济第一个批准《联合国海洋法公约》，直到 1993 年 11 月 16 日圭亚那交付批准书止，已有 60 个国家批准，《联合国海洋法公约》于 1994 年 11 月 16 日正式生效。中国于 1996 年 5 月 15 日批准该"公约"，是世界上第 93 个批准该"公约"的国家。到目前，150 多个国家签署并批准该公约。另有包括美国在内的 26 个国家签署但未批准，包括以色列等 18 个国家尚未签署。

拓展　缔结《联合国海洋法公约》有哪些意义

《联合国海洋法公约》的基础为《联合国宪章》，《联合国海洋法公约》的主要目的是对世界和平安全、正义公道、权利平等进行维护和巩固，《联合国海洋法公约》的原则主要是维护、巩固全世界人民在经济和社会等方面的进步发展，不仅要照顾到所有国家主权利益和需要，而且以相互谅解、友好合作为主要精神，主要目的是让国际交通变得更加便利，能公平有效地对海洋资源开发、利用，以此保护海洋环境。《联合国海洋法公约》的缔结对海洋法律秩序的建立有重要的意义。

中国的海洋法律制度

中国并没有一部完整的海洋法，目前已制定、公布的法律主要有：1982年《海洋环境保护法》、1983年《海上交通安全法》、1986年《渔业法》、1992年《中华人民共和国领海及毗连区法》、1996年《中国政府关于领海基线的声明》、1998年《专属经济区和大陆架法》等。

《中华人民共和国领海及毗连区法》

《中华人民共和国领海及毗连区法》在1992年2月25日第七届全国人民代表大会常务委员会第二十四次会议上通过，1992年2月25日中华人民共和国主席令第五十五号公布施行。《中华人民共和国领海及毗连区法》一共17条，是为行使中国对领海的主权和对毗连区的管制权、维护国家安全和海洋权益而制定。其中第七条规定：外国潜水艇和其他潜水器通过中华人民共和国领海，必须在海面航行，并展示其旗帜。

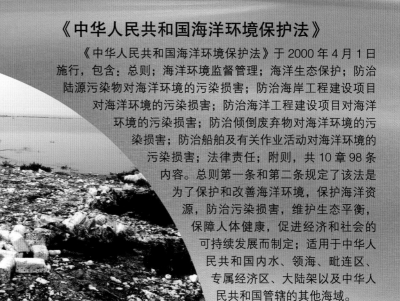

《中华人民共和国海洋环境保护法》

《中华人民共和国海洋环境保护法》于2000年4月1日施行，包含：总则；海洋环境监督管理；海洋生态保护；防治陆源污染物对海洋环境的污染损害；防治海岸工程建设项目对海洋环境的污染损害；防治海洋工程建设项目对海洋环境的污染损害；防治倾倒废弃物对海洋环境的污染损害；防治船舶及有关作业活动对海洋环境的污染损害；法律责任；附则，共10章98条内容。总则第一条和第二条规定了该法是为了保护和改善海洋环境，保护海洋资源，防治污染损害，维护生态平衡，保障人体健康，促进经济和社会的可持续发展而制定；适用于中华人民共和国内水、领海、毗连区、专属经济区、大陆架以及中华人民共和国管辖的其他海域。

《中华人民共和国海域使用管理法》

　　《中华人民共和国海域使用管理法》于2001年10月27日第九届全国人民代表大会常务委员会第二十四次会议通过，2002年1月1日起施行。该法包含了8章54条，内容涉及海洋功能区划、海域使用的申请与审批、海域使用权、海域使用金、监督检查、法律责任等。《中华人民共和国海域使用管理法》制定的目的在于加强海域使用管理，维护国家海域所有权和海域使用权人的合法权益，促进海域的合理开发和可持续利用。

中国海洋立法存在的问题

　　中国关于海洋立法虽然数量较多，但由于国家整体海洋意识的淡薄、海洋领域的立法实践经验少和环境条件差等因素，使得中国的海洋立法仍然存在一些问题，如海洋立法严重滞后、涉海法律操作性差、海洋领域法律还存在空白等。

拓展　　《中国海洋21世纪议程》

　　《中国海洋21世纪议程》阐明了海洋可持续发展的基本战略、战略目标、基本对策以及主要行动领域。《中国海洋21世纪议程》共分11章：战略和对策；海洋产业的可持续发展；海洋与沿海地区的可持续发展；海岛可持续发展；海洋生物资源保护和可持续利用；科学技术促进海洋可持续利用；沿海区、管辖海域的综合管理；海洋环境保护；海洋防灾、减灾；国际海洋事务；公众参与。

海洋权益

一个国家的海洋权益就是这个国家海洋权利和海洋利益的总称，也就是说海洋权益包含海洋权利和海洋利益。维护海洋权益，开发利用海洋，保护海洋环境，对任何一个海洋国家来说都是重中之重。

海洋权利

海洋权利属于国家主权的范畴，是国家领土向海洋延伸形成的权利。国家在领海区域内享有完全排他性的主权权利；在毗连区享有排他性的权利，还包括安全、海关、财政、卫生等管辖权；在专属经济区和大陆架，享有勘探开发自然资源的主权权利。此外，还拥有对海洋污染、海洋科学研究、海上人工设施建设的管理权。

海洋利益

国家海洋利益是综合利益，其中最重要的有政治利益、经济利益和安全利益3个方面。海洋主权、海洋管辖权、海洋管制权等，是海洋政治利益的核心。海洋经济利益主要包括开发领海、专属经济区、大陆架的资源，发展国家的海洋经济产业等。海上安全利益主要是使海洋成为国家安全的国防屏障，通过外交、军事等手段，防止发生海上军事冲突。

维护海洋权益的手段

维护国家海洋权益，是一个复杂的系统工程，它需要多种手段和方法。维护国家海洋权益，需要整个国家具备坚定的国家决心，需要拥有雄厚的经济和技术基础，需要对国家海域进行有效管理，需要灵活的外交手段。除此，维护海洋权益最根本、最有效的手段就是增强海上力量。

海洋权益争端

　　合法使用国家的海洋权利，就能获得合法的海洋利益，但是现实并非如此：国与国之间依然存在着海洋权益争端。一方面是因为国际海洋法本身存在不足。如《联合国海洋法公约》规定，主权国家可以沿着本国领海基线划出不超过 200 海里的专属经济区和不超过 350 海里的大陆架。在中国南海诸岛中的不少岛屿、岛礁和邻国相距甚至不足 100 海里，双方的海上划界问题没有明确规定，从而引起了国家间的海洋权益争端。二是国家间的海上力量、海上开发能力、海洋开发战略之间存在差距。

拓展　　**"数字海洋"**

　　"数字海洋"随着"数字地球"的理念应运而生，它是指通过卫星、遥感飞机、海上探测船、海底传感器等进行综合性、实时性、持续性的数据采集，把海洋物理、化学、生物、地质等基础信息装进一个"超级计算系统"里，使大海转变为人类开发和保护海洋最有效的虚拟视觉模型。可以看出，"数字海洋"就是立体化、网络化、持续性地全面观测海洋，并从中获取大量数据。

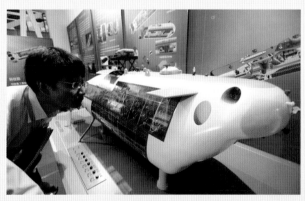

不可侵犯的海洋权益

　　世界大国无一不是海洋强国，维护海洋权益是捍卫中国根本权益的需要。中国拥有近 300 万平方千米的海域，但有争议的海域就达到 120 万平方千米，甚至更多。维护国家海洋权益，任重而道远，我们这一代人更是责无旁贷。

人均海域很少

中国是一个海洋大国，但同时也是海洋"贫国"。根据《联合国海洋法公约》，中国主张拥有面积近 300 万平方千米的海域、3.2 万千米长的海岸线，大陆架面积为世界第五，专属经济区面积为世界第十。然而，中国人口众多，人均海域面积不足世界人均水平的 1/10。

六大安全问题威胁中国海洋权益

当前，至少有六大安全问题威胁着中国海洋权益，它们分别是：海洋领土安全问题、海洋资源安全问题、海上交通安全问题、海洋信息安全问题、海洋环境安全问题、海洋非传统安全问题。

维护中国海洋权益的意义

海洋权益是国家主权的重要组成部分，它包含领海主权、海域管辖主权和主权权利等，直接关系到国家的安全和发展。此外，海洋中的丰富资源，对于解决中国经济发展中所面临的资源、能源问题，都具有重大意义。可以说，海洋是国家可持续发展的战略性基地。现代海洋资源的开发可以促进中国高新技术的发展。

中国海洋维权的举措

维护海洋权益已经成为影响国家未来发展的重要任务，中国维护海洋权益主要采取两大举措：一是靠国家间的政治协商，通过利益权衡和斗争来解决问题；二是加强国内法律制度的健全和有效实施。

拓展

《联合国海洋法公约》对中国维护海洋权益的影响

《联合国海洋法公约》对中国维护海洋权益的影响是：损益兼而有之。它使得中国在东海及黄海的权利主张有了法理依据，有助于中国在国际社会上发挥大国作用。但其自身的不足，如关于岛屿和大陆架的定义没有明晰等问题也给中国维权带来了困境和挑战。

中国对海洋权益的重视

进入 21 世纪后，中国对海洋权益方面有了更加深刻的认识，建设海洋强国成为中国的国策。海洋是中国宝贵的蓝色国土，要坚决维护国家的海洋权益，大力建设海洋强国。中国政府捍卫领土完整和海洋权益的决心是坚定的，国家的海洋权益不可侵犯。

用法律法规保护海洋权益

海洋权益是国家的核心利益，神圣不可侵犯，关系到中国未来的崛起。在海洋权益维护、开发海洋资源的同时，我们也要保护海洋，科学管理海洋。我们需要一个蓝色的海洋、一个环境优美的海洋。

铁腕治污将进入新常态……

海洋生态红线制度

海洋生态红线制度是指为维护海洋生态健康与生态安全，将重要海洋生态功能区、生态敏感区和生态脆弱区划定为重点管控区域，并实施严格分类管控的制度。

拓展 **生态红线**

生态红线划定的主体对象是重要生态功能区、生态敏感区和生态脆弱区。红线最大的作用是警示，生态红线就是保证国家生态安全的底线。不能越红线一步，否则就要受到惩罚。

渤海海洋生态红线区

渤海是中国的半封闭型内海，渤海的生态环境保护至关重要。2012年10月，国家海洋局出台《关于建立渤海海洋生态红线制度的若干意见》，为渤海设定生态保护红线。2013年山东省人民政府印发了《关于建立实施渤海海洋生态红线制度的意见》（以下简称为《意见》），以改善渤海海洋生态环境，确保渤海生态安全。《意见》中将渤海海洋保护区、重要滨海湿地、重要河口、特殊保护海岛和沙源保护海域、重要砂质岸线、自然景观与文化历史遗迹、重要旅游区和重要渔业海域等区域划定为海洋生态红线区。

中国海洋功能区划

　　海洋功能区划是根据海域区位、自然资源、环境条件和开发利用的要求，按照海洋功能标准，将海域划分为不同类型的功能区。2002 年 9 月 10 日，国家海洋局发布《全国海洋功能区划》，划分了农渔业、港口航运、工业与城镇用海、矿产与能源、旅游休闲娱乐、海洋保护、特殊利用、保留 8 类海洋功能；并将中国管辖海域划分为渤海、黄海、东海、南海和台湾以东海域共 5 个海区，29 个重点海域。海洋功能区划是中国海洋开发、海域使用管理和海洋环境保护的依据，也是中国海洋管理工作中的一件大事。

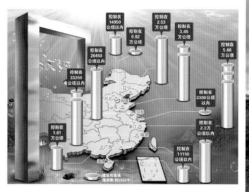

海洋管理机构——国家海洋局

　　当前，中国海洋管理机构包括：国家海洋局和地方海洋管理机构。国家海洋局 (SOA) 于 1964 年成立，是国家海洋规划、立法、管理的政府行政管理机构，主要职责包括负责起草内海、领海、毗连区、专属经济区、大陆架及其他海域涉及海域使用、海洋生态环境保护、海洋科学调查、海岛保护等法律法规、规章草案；负责组织拟订海洋维权执法的制度和措施，制定执法规范和流程；负责组织编制并监督实施海洋功能区划，组织拟订并监督实施海域使用管理制度等。

拓展 **国内首艘浮式海洋试验平台："华家池号"科学调查船**

　　"华家池号"科学调查船是一条非机动的科学调查船，总长 19 米，宽 15 米，高 16 米，可浮于 30~100 米水深。它就如同海上石油钻井平台，只能固定在指定海域展开工作。"华家池号"是中国国内首个浮式海洋试验平台。

海洋综合管理

　　《中国海洋 21 世纪议程》阐述了海洋综合管理的定义，它是指海洋综合管理应从国家的海洋权益、海洋资源、海洋环境的整体利益出发，通过方针、政策、法规、区划、规划的制定和实施，以及组织协调、综合平衡有关产业部门和沿海地区在开发利用海洋中的关系，以达到维护海洋权益，合理开发海洋资源，保护海洋环境，促进海洋经济持续、稳定、协调发展的目的。

海洋自然保护区

　　海洋自然保护区是为保护海洋环境和海洋资源而划出界限加以特殊保护的具有代表性的自然地带。这是保护海洋生物多样性、防止海洋生态环境恶化的一个重要措施。1995 年 5 月 29 日国家海洋局发布《海洋自然保护区管理办法》，加强海洋自然保护区的建设和管理。目前，中国已建立多个国家级自然保护区，如三亚珊瑚礁自然保护区、珠江口中华白海豚保护区等。世界上最大的海洋自然保护区是澳大利亚的大堡礁自然保护区。

海洋执法力量

中国海洋执法部门有5支队伍，分别是海监、渔政、海事、边防和海关，它们被称为"五龙治海"。党的十八大会议后，将中国海监总队、渔政局、边防海警等进行整合，重新组建国家海洋局，以中国海警局名义，开展海上维权执法，维护国家海洋权益和海上安全稳定。

中国海监

中国海监是依照1982年8月23日公布的《中华人民共和国海洋环境保护法》组建的，于1983年开始巡航中国领海。中国海监共有北海、东海、南海3个总队，主要职责是巡航监视，查处侵犯海洋权益、违法使用海域、损害海洋环境与资源、破坏海上设施、扰乱海上秩序等违法违规行为。中国海监2013年归入中国海警局。

中国渔政

中国渔政全名为"中华人民共和国农业部渔业局"，别称"中华人民共和国渔政局"，1958年4月3日成立。中国渔政的主要职责是代表国家行使渔政、渔港和渔船检验监督管理权，负责渔船、船员、渔业许可和渔业电信的管理工作，协调处理重大的涉外渔业事件等。2013年归入中国海警局。

中国渔政311船

- 原为中国海军南海舰队南救503船
- 2006年底调拨给农业部南海区渔政局

- 总吨位4450吨
- 可续航50个昼夜，无限航区
- 配备现代化的通信导航设备GMDSS
- 最大航速可达20节
- 是中国目前渔政系统船舶中吨位最大、航速最快、通导设备比较先进的船只

宽15.5米

长113.5米

边防海警与海关缉私警察

边防海警是 2013 年前中国唯一的海上武装执法力量，主要负责近海治安。海关缉私局一般也称"缉私警察"，由海关和公安双重领导，海关缉私警察队伍的主要职责是海上缉私、海上缉私情报收集、国际执法合作等。2013 年，它们归入中国海警局。

中国海警局

2013 年，由中国海监、农业部中国渔政、公安部边防海警、海关总署海上缉私警察的队伍和职责整合而成，负责海上维权和综合执法工作。中国海警船统一采用白色船体，船上涂有红蓝相间条纹、新的中国海警徽章和醒目的"中国海警 CHINA COAST GUARD"标志。

中国海事局

中国海事局成立于 1998 年 10 月，属交通运输部的直属行政机构，主要负责行使国家水上交通安全监督和防止船舶污染、船舶及海上设施检验、航海保障管理和行政执法，并履行交通部安全生产等管理职能。

拓展 **加强海上执法力量、维护国家海洋权益**

"海洋强国梦"是"中国梦"的组成部分，事关国家经济社会发展的可持续能力，事关国家根本利益。我们建设"海洋强国"，加强海上执法力量，并不是追求海洋霸权、威胁邻国，而是维护国家海洋权益。

图书在版编目（CIP）数据

珍爱蓝色国土 / 金翔龙，陆儒德主编 . — 北京：中译出版社，2016.5
（走进海洋世界）
ISBN 978-7-5001-4748-0

Ⅰ . ①珍… Ⅱ . ①金… ②陆… Ⅲ . ①海洋—普及读物 Ⅳ . ① P7-49

中国版本图书馆 CIP 数据核字 (2016) 第 085222 号

走进海洋世界
珍爱蓝色国土

出版发行： 中译出版社
地　　址： 北京市西城区车公庄大街甲 4 号物华大厦 6 层
电　　话： （010）68359376　68359303　68359101
邮　　编： 100044
传　　真： （010）68357870
电子邮箱： book@ctph.com.cn
策划编辑： 吴良柱　姜　军
责任编辑： 姜　军　郭宇佳　顾客强　刘全银
封面设计： 吴　闲
印　　刷： 北京新华印刷有限公司
经　　销： 新华书店
规　　格： 889 毫米 ×1194 毫米　1/16
印　　张： 8
字　　数： 145 千字
版　　次： 2016 年 6 月第 1 版
印　　次： 2016 年 6 月第 1 次

ISBN 978-7-5001-4748-0　　　定价：88.00 元